商店叢書④⓪

商店診斷實務

李福源　編著

憲業企管顧問有限公司　發行

《商店診斷實務》

序　言

　　隨著現代商業競爭的加劇，商店賣場式的經營手法，不斷地發展壯大，各行業的領先企業日趨活躍。企業在不斷地加速行業洗牌速度，企業也開始猛練內功，以期快速提升其連鎖贏利能力，擺脫「被洗牌」的命運。

　　零售業成功與否，其核心在於自身的贏利能力與團隊管理能力。我們看到「零售爲王」的超級終端時代已經到來，成功的商業企業可謂比比皆是，每個成功的企業都具有獨特核心競爭力。縱觀世界知名連鎖企業，如麥當勞、肯德基，如沃爾瑪、家樂福等等，他們成功的秘訣就是超強的執行力。

　　我們一直致力於商場經營理念、思想的傳播，致力於爲企業提供專業解決方案。爲了實現企業標準化而建立營運系統、訓練系統和督導系統。

商場管理者常提出如下難題與困惑：

‧如何建立有系統的終端規範管理？

‧連鎖規模上來了，贏利卻下來了？

‧單店贏利成了問題？

‧企業規模越大，管理卻越來越累，員工跟不上企業發展，人才缺乏。

‧核心人才如何建設？

‧員工執行力降低，如何解決？

‧企業人員訓練與標準化管理問題。

‧商品合理化管理問題。

綜合以上企業常見難題，可歸結於要想成功，必須先解決企業的各項問題。把標準化落實到各門店、各部門、各工作人員，進而落實到部門的每一工作崗位上，包括店面標準化、商品管理、門店贏利提升、選址、建店、開店、團隊、店長、導購、訓練、督導、管控、拓展、招商等等，是企業經營的基本要求，是店面高效、規範運作的基礎，是企業快速擴張、成功複製的根本，是保障企業持續贏利的關鍵。

本書適合商場企業的主管、管理人員、店長以及工作人員、企業培訓師研讀。本書通俗易懂，實用性強，是多個商場行業的實戰案例，對商場經營的步驟、表格、流程、操作規範等，都有具體展示。

《商店診斷實務》

目　錄

1

商場營業狀況診斷

　　企業經營的目的，除了服務社會而外，獲取利潤──是最大的目的，無利可圖的企業，不僅公司本身無法存在，更不可奢談服務社會。商場經營亦複如是。本診斷案例以「客人來店次數」、「購貨單價高低」兩項原因，加以探討。

一、顧客來店次數太少

1. 商品構成不齊略去

　　商品之豐富與否，影響顧客是否來店至鉅，超級市場的號稱「一次購足」(One Stop Shopping)，若貨色不齊全，客人必日益減少。

⑴所選擇的商品不好

原因有五：

①對產品缺乏研究。

・有關於批發商的資料缺乏。不熟悉供應商，以及不知何種產品有那些供應商。

・缺乏積極的搜集情報。

・雖然搜集到情報，可是研究的功能不足，以致雖有資料，仍等於沒有用。

②對購買頻率缺乏研究。沒有做到商品別的分析調查，以致不明了商品之暢銷情形如何。

③所選擇的商品水準與顧客階層不一致。

・對商店所在的立地條件檢討不夠，以致不能配合。

・對商品別的營業情況研究不夠。

④對消費傾向的把握不足。

・對商品別營業實績的檢討不夠。

・對商店外部之消費者，以及競爭店缺乏積極性的調查。

⑤商品管理的能力不足。

(2)檢選商品的方法不好

①對商品廠牌缺乏研究。商品廠牌知名度之高低，直接影響及此一商品之銷售。

②缺乏普及性，大眾化銷路好的商品。

③商品的種類不適當。

・過多──對商店不利的商品買得太多。

・太少──以致於使顧客沒有選擇的自由。

④商品的式樣不良，不適合顧客的興趣。

(3)經常發生缺貨或斷貨的事

超級市場吸引顧客的方法之一，是以豐富的商品來顯示，如果常有缺貨事情，則客人必不喜來此購買。

①商品管理不完善。

- 管理不週。
- 只知收集資料，而不知運用。
- 對訂購點及補充點之設定不適當。

②陳列上所需要的陳列量，購買得太少。

⑷**主力商品之吸引力薄弱**

①從購買的頻度上來看很不適當。亦即謂主力商品選擇不當，客人購買它之次數少。

②與競爭商店相較之下，價格顯然很不適當。

③商品品質不佳。

④數量上不夠，常易缺貨或無貨。

⑤商品配置的陳列位置不當。

2.**商品的品質不好**

在商店的經營上，如果所出售的商品品質不佳，無異自斷前途。品質不好的原因有二：

⑴**購入時已有缺陷**

①負責採購者有關商品的知識不夠。或因教育不足，或因經驗、能力不夠，或可能是不夠努力學習。

②負責採購者性行不正，兼且內部牽制不善，無法防止。

③所選擇的供應商不良。

- 素質不好。
- 能力不夠：金融能力不足，經濟情況不佳。商品化的程度不良。

⑵**商品的保管不適當**

①負責保管者所使用的方法不適當。

②保管商品的設備不良。

3.商品售價偏高

⑴進貨價格過高

其因有四：

①所選擇的供應商不良。

•批發商的素質不好。

•批發商的能力不夠。

②對採購方法的研究不夠。

•進貨數目不適當。

•在適當而有利的時機沒進貨。

•有關付款條件的研究不夠。

③負責採購者能力不夠。

④負責採購者品性不正。內部的牽制不完善，以致使其有機可圖。

⑵毛利定得太高

將利潤擬得太高，以致售價上揚。

①營業利潤率偏高，所期望賺的錢過多。

②開支花耗過多，工作生產性降低。

⑶標價技術不熟練

①採行低價格政策，然技術不夠純熟。

②對競爭店之研究不夠，因此價格此別人爲高。

4.販賣促進策略不完善

⑴廣告政策不成熟

①所選擇的對象不對：市場調查不善，以及媒體選定不良。

②廣告次數不夠。

③銷售點之訴求力不足。

④廣告商品的選擇不適當。

⑤ POP 廣告研究不夠。

⑵銷售術之缺陷

①缺乏令人發生好感的氣氛。

②零亂不整，缺乏平衡感。

③忽略了地域性的差別。

⑶公共關係不足

與社區社會關係有距離存在，缺乏服務。

5.商店所給予顧客的印象惡劣

⑴建築物本身有缺陷

①入口之設定不理想。客人之進出不方便。

②外表之裝設不好，使人不生好感。

③視線沒辦法達到全場一覽無遺。

⑵給予顧客的印象不好

通常是設備不佳。

①地板所用的材料不好，易髒、易留垢物。

②照明不佳，缺乏清爽愉悅的氣氛。

③顏色的控制不良。

④店裏帶有汙穢，不乾淨、不清潔。

⑤留有臭氣腥味，空氣汙濁。

⑥空氣調節系統不好。

⑦缺乏冷暖調節的設備。

⑧陳列用的器具不適當。

⑨缺乏優雅的音樂來襯托。

⑶接待客人的技術太差

①品格低落，工作態度惡劣，做事放縱。

②對商品的知識貧乏，無以應對。

③態度太壞。不能站在顧客的立場來對待客人。

④服務不好。不回答客人的質問；不顧顧客的抱怨；不站在客人的立場來服務。

⑷收銀台的問題

①讓客人等待：收銀台的台數不夠，以及收銀員操作太慢，致使客人久等。

②操作錯誤太多：登錄錯誤太多，找零錢錯誤太多。

⑸陳列上缺乏魅力

①缺乏量感：未能活用鏡子來顯示豐富的商品；所使用的陳列櫃，難以顯示量感；所陳列的量太少。

②陳列缺乏變化，沉悶、跟調、呆板。

③缺乏立體感的陳列。

④對於陳列之樣式缺乏研究。

⑹購貨不方便

①在做平面設計時，考慮不週。

・通路太窄，顧客不易流動，使店內產生混亂。

・不能配合購買的習慣。

②商品的配置缺乏統一性。

③商品之整理、整頓不週到，妨礙購物。

④營業場之指示，標示卡不完備。

⑤購物所用之籃、車太小。

⑥貨品之選購不便。

・陳列用貨櫃不良。

・陳列太差，混雜、零亂。

⑺**環境不衛生**

①店鋪構造，所用的陳列器具，備用品等，在衛生方面的考慮不足。

②沒有適時適地的清掃。

③從業員儀容服飾不整，缺乏注意。

6.**商店之立地條件不好**

決定在一個區域內設立超級市場，立地條件之檢討是最重要的一環，不良的投資環境是：

①商圈內的人口太少。

②聚合商國內的客數，頗為不便。

③競爭商店過多。

二、顧客購貨單價太低

1.**單品營業額太少**

⑴ **POP 廣告的缺點**

①出現的次數太少，不能造成強烈的印象。

②缺乏訴求力。因而引不起注意。

・所加的說明、插圖不佳。

・資料的搜集不良。

・沒有醒目傑出的廣告標語。

③所選擇的商品不適當。

⑵陳列的技術不嫺熟

①對陳列位置的研究不夠：諸如商品之大小規格、陳列高度、色彩的配合：等等。

②缺乏立體陳列。

③對關連性之陳列技巧，缺乏考慮。

④對特殊陳列的研究欠缺。

⑤沒有做到大量的陳列。

⑥對時尚的研究不夠。

⑶商品構成上的缺陷

①一次購足的探究缺乏，因此商品構成無法配合。

②關連性商品，以及替代性商品不充裕。

③商品本身缺乏吸引顧客的力量。

④對有關商品的銷路之研究不足。

⑤購買頻度高的商品(亦即暢銷品)，缺乏。

2.顧客所購買之商品，每個單品單價太低

⑴高價的商品賣不出去

①商店本身對促進該商品印象所花的工夫不夠。

②販賣技術無法配合得上。

③立地條件之缺陷，一直認為只有便宜貨才賣得出去。

⑵購買單位太小

①對有關數量販賣的研究不夠。

②包裝上量的顯示尙稍不足。

③標價不適當。

2

商場陳列狀況診斷

商場經營在於以低價格，大量銷售來迅速的週轉，爲達到大量銷售、高迴轉率的目的，商品之陳列技術，實爲關鍵因素，如何有效陳列，可由下列因素加以衡量：

一、是否運用充滿豐富感的陳列

1.數量是否充足

⑴陳列量之絕對數有沒有不足的現象？與標準陳列量相比較，有否較少的現象？

⑵是否注意到不使喪失量感的最低陳列量。

⑶有無考慮及滿載陳列的效果。

2.商品種類是否齊全

⑴有沒有從銷路與此較購買這兩方面上考慮，而擬定一完備適當的計劃。

(2)知名度高的商品是否齊備。

(3)有無具備各種不同的尺寸、規格。

(4)有無由關連性商品上加以考慮，而補充貨品。

(5)對新產品之採購，有無怠慢拖延情事。

(6)季節品是否合適、齊備。

3.是否做到很有吸引力的演出

(1)有沒有使用補助陳列的器材，如鏡子等。

(2)是否努力使陳列表現立體感。

(3)是否注意貨架有無呈現空缺，注意隨時填滿。

(4)是否使用特殊陳列，以顯示效果。

(5)有沒有活用商品的型態，加以有技巧的陳列。

(6)是否很生動的運用商品的季節感、新鮮度、特徵性。

二、使人易於看見的陳列

1.運用顯而易見的分類陳列

(1)有沒有將商品群很明白的分類。

(2)商品分類是否混淆不清。

(3)有沒有適當的商品分類名稱。

(4)所做的分類表示，是否易見，易於尋找。

2.陳列位置應容易看見

(1)陳列位置是否合乎購買習慣。

(2)關連性商品之販賣，是否有一定的陳列位置。

(3)陳列位置變換時，顧客是否很快就能熟悉。

(4)有沒有配合商品之性質，及包裝的陳列位置。

(5)季節性商品，及新製品之陳列位置，是否適當。

(6)特價品的陳列，沒有問題嗎？

3.商店內部及商品應呈易見狀態

(1)有沒有妨害顧客之流通,阻礙視線瀏覽全場的特殊陳列。

(2)有沒有因為包裝華麗。而使商品因而不顯目。

(3)有無因陳列用器具及備用品之不完善,使商品不易看見。

(4)商品之擺設，是否正面向顧客。

(5)裝飾及 POP 廣告是否亂用，而致妨礙了店內之視線。

4.色彩、照明是否有效的運用

(1)色彩之運用，是否配合商品位置。

(2)有沒有依照商品性質，而考慮照明方法。

(3)商店內部是否過暗。(依照標準，超級市場之照明度應在 500Lux，超級商店應在 700Lux)。

(4)有沒有商品隱藏在陰影裏。

(5)聚光燈之運用，是否適切。

三、使人易於揀選商品的陳列

1.容易揀選的陳列

(1)有沒有將商品群，分門別類適切的陳列。

(2)是否採取用途別陳列。

(3)有沒有按照大小不同尺寸來陳列。

(4)在價格卡及陳示卡上，是否將價格，規格，明白表示。

(5)有沒有適當的購物指導。

2.便於選購的陳列

(1)是否有適當於顧客層的商品。

(2)是否有讓顧客易於抉擇的廠牌。

(3)有無各種不同的顏色、樣式、尺寸，供客選擇。

(4)陳列位置是否易於比較。(商品應群體化，採用合縱並排原則。)

(5)是否經常注意及陳列是否不足。

(6)齊備包裝及尺寸的方法，是否適當。

(7)替代性的商品有沒有。

四、採用易於拿取的陳列

1.有無運用裸陳列

(1)包裝是否易於拿取。

(2)是否下過工夫使用裸陳列。

(3)對售前包裝，是否研究過。

2.陳列位置是否適當

(1)迫使客人做出無理姿態的陳列多不多。

(2)有沒有陳列在手伸不到的地方。

(3)是否遵守體積大的商品，排在貨架的下段，體積小的商品排在貨架上段之原則。

(4)容易選貨的二段、三段式貨架，是否有效的使用。

3.陳列的方法，有沒有問題

(1)安定性如何，會不會有一觸則崩的情形發生。

(2)有沒有因為陳列過於整齊，反而顯得有點清冷的感覺。

(3)有無因為濫用變化陳列，而顯得混雜。

(4)有沒有因為陳列面太亂，而有商品被隱蔽。

(5)有沒有使用了不適當的陳列貨架。

(6)是否因使用了展示卡，而使商品難以選取。

(7)對於難於整理的商品，有無使用了補助器材。

除此以外，每件商品是否皆標上價格，以及價格卡上之位置是否與商品相當，皆是應注意的地方。

五、令人發生好感的陳列

1.陳列是否有清潔感

(1)商品補充是否遵守先入先出法。

(2)是否有塵埃覆蓋。

(3)有沒有直接陳列在地板上。

(4)有無陳列了破損及汙損的商品。

(5)鄰近的商品，在影像的造成上有無相克。

(6)令人不愉快有臭氣發出的商品，有沒好好處理。

2.是否有令人感覺愉悅的陳列

(1)有沒因過於整齊劃，而缺乏親切感。

(2)演出是否與商品的性質相符。

(3)有無適當的混用變化陳列。

(4)是否採用了毫不保留的表現。

(5)有沒有重視連續效果。

(6)照明及裝飾是否有效果。

(7)陳列有無風格，有無定時的特殊陳列。

六、優良的陳列

1.收益性陳列之考慮

(1)磁石商品之陳列位置是否適當？

(2)是否考慮關連性陳列。

(3)有否就毛利益、回轉率上來考慮陳列量及陳列位置。

(4)收益性高的商品，是否陳列在易賣的位置？

(5)是否由收益性上來考慮各商品之陳列位置、大小、陳列面等。

(6)在貨架的頂端，是否陳列了利潤高的商品。

(7)有利潤的商品，是否使有特殊陳列。

(8)商店內部最有效率，位置投好的地方，是否熟知。

(9)有沒有良好的計劃販賣,對陳列與銷售效率仔細的研究。

2.有無防止損失的陳列

(1)容易被偷的商品，是否陳列在貨架的上段與收銀台的附近，易於監視到的地方。

(2)是否活用鏡子來陳列。

(3)對商品破損、汙損之防止，是否下了工夫。

(4)在不損量感之下，而減少陳列量，是否研究過。

3. 有能率的陳列作業

(1)有無確定單品之標準陳列量,最高陳列量及最低陳列量。

(2)陳列補充之次數,是否過多。

(3)陳列作業,是在一定時間內,由一定的人來做。應予標準化。

(4)儘量採用大量的陳列。

(5)製造商之範域內資源、人力、服務,是否好好的利用。

心得欄

3

商場財務狀況診斷

一、使用資本回轉率低

企業體之經營成功與否，以及是否完密無缺，大都可由財務狀況上來加以觀察。商場之經營而言，絕大多數是財務狀況不良，以至於破產。

運用下一公式，從利益不揚，資本利益率低的原因，加以分析。

使用資本利益率＝營業額÷使用資本×營業利益÷營業額

＝使用資本回轉率×營業實績對營業利益率

1.營業額低。

2.所使用的資本過多。

⑴由資產方面而言，有浪費資產的情形，其因有二：

①過剩設備投資：可能爲超級營業銷售能力的投資，或者有對銷售，收益之向上無貢獻之資產。

②在庫過剩：商品管理不完善，以及銷售預測錯誤。

⑵從負債、資本方面看，有亂用他人資本之情況。

①借入的錢太多,自己資本過少:對店鋪做沒有理由的擴大,以及設備投資過剩。

②亂用批發商的資本:流動性太差,週轉金過少。

⑶缺乏完善的科學化財務管理及預算統制:

①沒有做長期、短期的資本計劃表。

②沒有考慮到使用資本的回轉率及收益率。

③對財務管理缺乏計劃性。

④預算計劃不充分。

二、營業銷貨利益率低

1.毛利低

由於營業毛利之低下,而連帶使利潤降低的原因,由內部分析起來,有以下幾個原因:

⑴**商品的成本太高**

①對採購方法的研究不夠。

・付款條件不好。現金支出,或票期太短。

・與供應廠商之交涉笨拙,以致處於劣勢。

・不能在最佳的時機,適時的訂購商品。

・對商品銷路的好壞,不知把握。

②關於負責採購者的能力問題。

・負責採購者能力不足:教育訓練不夠,研究不足,以及個人本身有缺陷。

・處理事情的方法不合理。

‧組織上的原因：責任、權限不明確；未給予適切的資料。

‧數量上的原因：是由於商品的種類過多，以及採購量過多所致。

③所選擇的供應商不好。

a.供應商的供應力有困難。

‧對市場的研究心缺乏。

‧商品管理有缺陷。

‧處理事情的能力低。

‧缺乏可運用的適當人材。

b.批發商的協力體制不好。

‧進貨的時機不適當。

‧服務太差。

‧商品知識不足。

‧買賣量太少。

⑵**毛利潤太低**

①由於低價格政策技術上的缺乏。

‧毛利益的部門別管理不適當。

‧對於低價格商品的選擇不當。這是對價格缺乏彈性研究。

‧沒有考慮及應將利潤率與銷售量相關連。

‧實施沒有計劃的販賣競爭。

②有關利益計劃的檢討不夠完美。

‧缺乏長、短期的利益目標。

‧訂立利益目標的方法不佳。

‧未將利益目標與實績做一對比。

⑶**對毛利益之計算錯誤**

①對商品別的累計營業額，計算錯誤。

②流行品的商品別毛利率，不易把握。

③商品損失太多：損失的原因。

・對商品的損失之原因，沒有深入的追究。

・沒有想出對策來防止商品損失。

・商品的管理不徹底。

④使用減價來處分商品，使用得過多。

⑤毛利的計算方法有缺陷。

2. **經費太高**

費用的花耗過鉅，常會將企業體所獲致的利潤，消耗殆盡。

經費的偏高，有以下幾種情形：

⑴**營業費用高**

①包裝費用花費過高。

②送貨服務缺乏能率。

③販賣促進效果看不出來。

④減價處分太多。

⑵**採購費用高**

①商品的運搬，沒有計劃化。

②對供應商的拜訪，非常沒有能率。

③對事前包裝成本之降低，研究不足。

④沒有考慮到在庫費用及倉庫費用。

⑶**人事費用太高**

①從業人員過多。

a. 作業沒有合理化。

・不得作業要領。

・事務作業之機械化之不充分。

・自助服務化(Self-service)不徹底，有面對面的部門。

b. 組織尚未確立。

・沒有做適當的職務分類。

・缺乏適當的配置。

・尚未做到作業之標準化與組織化。

②給予之標準未合理化。

・能力與薪津不配合。

・沒有實行適當的配置。

・升進及升給制度有缺陷。

・各種額外津貼過多。

③人力資源水準低下。

・教育不徹底。

・管理組織不完善。

・人群關係不良。

・工作環境不良。

・待遇不好。

・沒有給員工以對將來的期望。

・素質缺乏。

⑷**其他的經費太高**

①成本意識缺乏，不知節省。

②過剩設備投資的壓迫力強。

③利息負擔太高。

④憑藉金額過高。

⑤固定費用不良，徵聘及教育費高。

經費太高，相對的生產性就降低，生產性的低下，可由兩方面來觀察：

⑴就工作生產性而言

①毛利生產性低，亦即言每人平均毛利益降低。或因毛利額少，或因人員過多所致。

②人事平均每一萬元之生產性低：原因是薪津的給付水準過高；人員的適當配置未實施；以及薪津與工作不平衡。

③薪津之上升，超過生產性向上之上。

⑵由生產性而言

①平均每坪之銷售效率低。

・立地條件與營業面積不平衡，規模不適正。

・經營力薄弱。

②資本效率太差。

・設備投資過剩。

・在庫過大。

・經營技術低劣。

經費之偏高，常是經費預算的控制系統不完善所致：

⑴擬定經費預算的方法不當。

⑵經費的管理不善：斟定會計課目的設定不好，以及責任與權限不明確。

⑶沒有好好的發揮資料的效果。

3.不明的費用太多

(1)金錢管理不好：現金管理做不好，收銀員訓練不足。

(2)內部牽制之缺陷：計算錯誤太多；驗收貨品不正確；帳簿、傳票的管理不好；有性行不正的員工。

(3)盤存的方法不好。

(4)商品管理好：商品盤損過多，以及庫存之評價錯誤。

4

商場人員管理狀況診斷

一、員工數量之確保是否充分

商場之經營，在人事管理上，是採取少數精兵主義，以此原則來貫串整個企業體。商場之人員管理狀況，是否有效，可由下列幾點加以觀察出來：

1.為了確保優良的人才，是否緩慢的募集？

⑴採用方針計劃

①為了適應企業之特性，是否擬有長期、短期之人員採用計劃。

②採用計劃是否將教育及人才之活用考慮在內。

③是否算出僱用採算點與適正值。

④是否考慮及採用時期及時間背景（求人充足率）

⑵徵聘態度

①在採用人員時，是否附有職務說明。

②長期、短期（兼職人員）人員之採用，是否採取區別的活用態度。

③為了確保採用人員時所花耗的費用，在人員離職時有無追查離職原因。

④在徵求人才時，是否對應徵者明示工作條件。

⑤決定採用後，是否實施職前教育訓練。

⑶採用方法

①針對募集的對象（學校、企業、報紙，以及其他各種關係），而實施公共關係。

②募集手續，各種文書，是否準備齊全。

③甄選基準是採取智能或適性，有否明確的判定。

④擔任主試者是否適當正確。

2.人員穩定性高嗎？在工作環境裏士氣是否高昂？

⑴經營方針之確立

①有沒有成為企業的具體目標之觀點。

②對從業員之將來，是否給予保證。

③是否給與長期、短期的具體目標。

⑵工作條件

①從勞工法上來看，是否經常以超過立法所包含的條件為目標。

②是否努力以超過同業之水準，爲努力的目標。

③是否樹立了與企業規模、特性相符的諸規定，(如就業規則，薪給規定，服務規定等)。

⑶**給與**

①是否徹底執行與職務，職能相應的薪資體系，(最少也應努力去做到)。

②給與規定是否與現狀相符。與其他同類相比較，是否比他們優越。

⑷**工作關係**

①有沒有主管勞務的主管單位。

②有沒有專門的人員，適合於擔當此任務。

③是否有與經營者，部門責任者能夠十分合作的組織。

⑸**人群關係**

①意思溝通。

• 命令系統有沒有確立？有沒有重覆越權的地方？命令是否能迅速傳達到組織的末端？

• 由上而下，由下而上以及橫的軌絡，是否能圓滿的執行此一體制？

• 各個部門是否與有關連的部門協調？

• 聯繫的方法，以及場地是否適當？(朝會、晚會以及其他有利場合之運用。)

②提案制度。

• 提案制度是否被當作公共關係來執行。

• 對提案的處置，是否適宜，準碻地執行。

③有關抱怨的處理。

· 對於抱怨處理制度之設定，有無做好公共關係。

· 會談室是否能保持安心細談的原則，在安靜無擾的氣氛下進行。

· 有沒有進一步去探究潛在的苦情，對其原因予以適切的把握。

④士氣調查。

· 士氣調查是否在適宜的情況下進行？

· 對結果的分析，有否努力尋求改善對策。

⑤督導人員。

· 對經營方針是否有徹底的意識？

· 對屬下之教育與考核，是否適切的實行。

· 決定是否迅速，判斷是否正確。

· 對同業的動向，需要預測的調查、檢討，是否有確實的情報加以掌握。

· 是否具有指導能力及統御能力。

⑹福利制度

①有沒有加入社會保險。

②有沒有各極互助制度。

③福利制度(治療室、休息室、教育、文化、娛樂設施……等)，是否完備。

⑺企業參予意識

①有沒有給予責任與權限。

②有沒有施行目標管理。

③有沒有給予股份的制度。

④有沒有足以令從業員自誇的各種完備的從業條件。

一般而言，在企業內部的從業人員有兩種形態：

⑴**人才**

指從事於事務的判斷的人員，主要在養成正當的判斷力，經教育、訓練、及自我啓發的鍛鍊，其成果在提供意志決定的管理數據。

⑵**人手**

是指從事於作業(計算)事務的人員，其目的在於作業單純化，標準化。每個人皆保特定作業，單純的成爲系統。

二、人事管理做得適正嗎？

1.組織

⑴就企業的發展成長來看，是否考慮及彈性適應。

⑵是否與公司之現狀相符。

⑶直線(Line)與幕僚(Staff)，以及相關部門是否保持有機性的關連。

⑷有無發現消極作業或徒勞無益的布署。

⑸是否貫通了內部牽制機能。

⑹是否訂定了機能組織的方向。

⑺管理者的監管範圍適正嗎？

⑻實際負責任者不在的場合，而業務仍能逐行的體制是否存在。

(9)內部小組織（如同學關係，門閥、趣味團體……等），是否給予工作環境以不好的影響。

⑽家族經營的傾向，是否過強。

⑾組織職能規定，是否簡潔而得要領。

2.職務分擔（即職場配置）

⑴是否認清各個職務作業上所需要的能力。

⑵是否知道作業上所需花費的時間。

⑶是否準備了職務分析及明細表。

⑷採用人員之記錄是否完整。

⑸是否對本人的希望、感情、趣味等考慮在內。

⑹有無擬訂職務別的適當人員基準，實行最少的人員計劃。

⑺職務及作某分但是否適正，是否給予此其能力稍高一點的工作。

⑻對工作的簡素化，單純化及明確化，是否努力力圖改善。

⑼平面設計佈置是否有不合理的現象。

⑽是否有更換更便宜的勞力（兼職人員等）的必要？

⑾是否採用機械化，以削減成本，使效率向上？

3.責任與權限

⑴每人是否都存在透徹的責任意識。

⑵給予權限時，對效率數值命令，是否建立各部門、各個人的目標？

⑶教育訓練之後，權限的委讓制是否執行。

⑷職務的責任與權限，是否明確的劃分。

⑸是否實行部門別，各人別的責任權限之委讓。

(6)責任與權限之給予，是否成為一與一的比。

(7)是否明示責任的所在。

(8)對責任的評價，是否以科學的方式來做。

(9)有無對責任必要的追究。

(10)在委託的情況下，報告是否迅速的遂行。

(11)權限之委託與命令是否有混同的情形。

4.目標管理

(1)是否給予目標。

(2)目標是否具有具體的簽註說明。

(3)對上層部門，是否給予與一致目標直接連結的目標。

(4)對下層部門，是否給予與組織目標間接關連的目標。

(5)每個人的計劃、執行、檢查之步驟是否擬好。

(6)對目標誤差之場合、時期、原因，是否加以妥善的檢討。

(7)對目標的達成度，是否做到嚴正的有賞有罰。

(8)評價的基準是否適當。

(9)上層部門是否為了致力於達成度，而置重點於評價基準？

(10)下層部門是否也將努力重點置於評價基準上。

(11)推行業務，對組織目標，在何種位置上給予認識？

5.教育訓練

(1)有沒有先見性的全公司的從業人員教育訓練計劃。

(2)訓練之時期，期間是否適正？（作業變更時，是否施予訓練？）

(3)表現方法是否完善。是否包含了職務分析，作業程序，

成本意識，待人處事禮節及生活指導等內容。

(4)是否擬訂了目標？諸如所要求的程度為何，以及潛在能力的發現等。

(5)是否有針對無理的浪費的防止，定有訓練計劃，（如Orientation，MTP，TWH 及其它。）

(6)訓練對象是否一定？是否採用決定者，新進職員，中堅幹部，或者管理監督者等，抑或以職種別……等來分析。

(7)是否實行受人歡迎的教育訓練法？諸如集合教育、訓練、個別指導、檢定試驗制度、在職訓練(O.J.T)、社外教育、講座訓練、留學、見學等。

(8)獨斷、高壓的、不正確、不確實的教育訓練有否。

(9)擔任教育訓練的人選適當否？

(10)擔任教育訓練者，是否特別的以身作則。

(11)有沒有使從業員自發訓練的環境，如體裁別研究會，意見發表會，震腦會議(Brain Storming)，以及完善的參考資料等。

(12)對效果的測定、評價、以及追查，是否萬全。

(13)到其他優秀的公司見習的教育訓練方式，是否在高水準以上，努力的施行。

5

商場的衛生狀況診斷

　　商店清潔衛生管理是購物環境的重要組成部份，店員應當依據公司相關制度規範，開展清潔衛生管理，爲消費者提供清潔、衛生的購物環境，促進消費者形成良好的購物體驗。

　　店長應引導員工遵循該店員工、商品、店面衛生管理規定，養成良好的衛生習慣，保證該連鎖店員工、商品、店面的乾淨整潔，以樹立良好的品牌形象。

一、衛生區域劃分

　　1.店長負責承擔區域內的安全、衛生責任，應嚴格按區域負責制原則落實到個人，做到營業現場各區域、各班次都有人負責店面衛生，維護該店品牌形象。

　　2.各店長應按營業現場面積、銷售商品的品類，店面各區的功能，根據商店人數和排班時間安排員工負責，做到商店所有區域都責任到人，不留任何衛生死角。

　　展臺區及區內商品由商店導購人員負責；

店內收銀台由收銀人員負責;

商店內公用區域,包括地板、柱子、牆面、冷氣機設備、衛生間安排商店員工輪流負責;

商店週邊衛生安排商店員工輪流負責。

二、區域衛生責任

1.對所負責區域的展臺及商品須做到隨時保潔,POP、價簽和宣傳單頁及時整理。

2.負責區域地面有廢紙雜物時,由當日負責的店員負責清理。

3.地面衛生出現較大問題(如積水等需要使用清潔工具的),當日負責的店員必須及時清理。

三、店面衛生的監督

1.店長負責每日店面衛生的監督、巡查,根據區域負責制的執行情況對區域責任人進行檢查和處罰。

2.管理部對店面進行定期檢查,檢查結果將定期公佈,並記入店長「非銷售業績考核」成績。

3.總部將不定期組織抽查,在抽查中店面衛生較差的,可直接對店長處以 5 分(即 500 元/次)處罰。(待定)

四、商店衛生日流程

商店衛生日流程，如表 1 所示。

表 1　商店衛生日流程

時間(待定)	事項
8：05～8：20	每日早上商店員工在 8：05 到達商店，開始整理本責任區域衛生，區分更換不需要物品，並打掃各自區域的衛生
8：20～8：30	早會 店長或者值班店長檢查，員工是否穿好工服，戴好工牌，儀容儀表是否按照公司的要求執行
8：30	商店開始營業
8：30～9：00	店長或者值班店長檢查商店衛生打掃情況 店面商品陳列是否佈置妥當，商品是否達到公司規定的清潔標準 商店內各區域是否打掃乾淨，有無灰塵、汙跡，是否達到公司規定的店面衛生標準 商店週邊有無雜亂、汙跡，是否達到公司規定的商店週邊衛生標準
12：00～13：30	午餐時間，輪流用餐
13：30～14：30	每日下午商店比較空閒時，店長或者值班店長應進行一次衛生全面檢查 員工儀容儀表、店內衛生情況、商品陳列是否良好 做好衛生檢查工作，協助現場接待顧客
19：30～19：40	員工負責打掃各自區域的衛生

19：40～19：50	晚會
	當天工作總結、次日重要工作佈置
	清理現場，關閉全部電路、水路，關閉大門
	晚班下班

註：營業期間，商店及門口範圍一旦出現汙跡、果皮、紙屑、地面積水等情況，應立即由負責人打掃。

五、連鎖店衛生標準

商店衛生「三有四無」標準：

「三有」：每個人都有衛生習慣，每個區域都有人負責，所有物品擺放都有條理。

「四無」：無紙屑，無煙頭，無汙跡，無積塵。

商店員工個人衛生七必須：

1. 必須勤洗澡、理髮，保持身體清潔。

2. 指甲必須修剪整齊（男士指甲不宜超過指尖）。

3. 頭髮必須梳理整齊、俐落。男士髮型要求前不遮眼眉，後不壓衣領，兩側不蓋耳。女士髮型要求文雅大方，不得進行彩色染髮。

4. 佩戴首飾必須恰當，不准佩戴懸掛式大耳環等誇張首飾。

5. 化妝必須適度，不准濃妝豔抹。

6. 員工（實習人員除外）在崗期間上裝必須按照要求統一穿正式工作服裝，在左胸前端正地佩戴胸牌。不得穿拖鞋、短西

褲，不得穿超短裙和緊身褲。

7.服裝必須保持清潔、整齊，不能有明顯的污漬和灰塵（特別是衣領和袖口）。襯衣袖口不能捲起，服裝不能出現開線或紐扣脫落。

六、商品衛生標準

店面樣品衛生標準：

1.連鎖店內所有樣板商品，包括樣機、贈品、禮品等，需要定期清潔，商品無灰塵、汙跡。

2.展示臺保持乾淨、明亮，整潔、新穎，不得隨意移動樣板商品。

3.關注店面的商品整潔情況，特別是易髒的商品，如白色家電。

4.展示臺上展示的商品，可考慮保留部份原包裝，如家電螢幕上的保護膜不要撕去。如有必要可以在外殼上粘貼保護膜，以防劃傷，同時利於清潔。

5.禁止隨地亂放樣品或者存貨，臨時存放後及時歸位，並打掃地板。

七、庫存商品衛生標準

1.每日清潔並保持店面倉庫、貨品乾淨，保證無雜物或明顯汙跡。

2.倉庫貨品擺放整齊，商品、禮品、用品分區陳列。

八、連鎖店店面衛生標準

店面衛生清潔內容包括店門口、店內地板、牆壁、柱子、玻璃、展示區、收銀台、辦公區、店面倉庫、運營設備（如桌椅、冷氣機、排氣扇、電風扇等）、垃圾桶、洗手間。

1.門口的清理

門口應打掃乾淨，店面門口週圍、外部通道無紙屑、果皮及明顯汙跡；

發現有廢棄的包裝物或垃圾時，要隨時清理；

雨天，門口須放置踏墊並定期清洗更換。

2.店內地板經常清潔，無腳印以及汙跡

每天必須將地板清理乾淨，保持「四無」，有髒汙現象要隨時清理；

掃帚及拖把不可隨意放置於商店內，應放置於指定地方；

如遇雨天，要注意入口處的衛生清潔，拖地時應儘量保持地面的乾爽，避免顧客滑倒。

3.保證牆壁、柱子、玻璃乾淨衛生

牆面無破損和蜘蛛網。牆面裝飾物、POP 應合適放置、無損毀。擦拭玻璃時，使用玻璃清潔劑、布或報紙，發現頑固污漬時，隨時用去松香水擦淨。

4.展臺陳列區域的清理

展示台要保持乾淨，無汙跡、灰塵，不在展示臺上堆放雜

物、飲料等，以免損壞家電；

展臺玻璃上不得有手印；

價格牌、報價牌擺放整齊，無灰塵、汙跡，無破損；

商品無灰塵、汙跡。

5.收銀台清潔

收銀台上面不可堆置雜物，保證臺面乾淨明亮；

收銀台各種計算器、釘書機等用品及印表機、驗鈔機等設備均須整齊擺放，方便使用；

存放於收銀台的各種表格、文檔須歸類清楚，方便查找。

6.辦公區清潔

辦公區桌椅乾淨、整齊；

各種物品擺放整齊，保持乾淨；

地面無紙屑、無煙頭、無汙跡、無積塵。

7.店面倉庫清潔

倉庫不可堆置雜物，保證貨品整齊乾淨；地面保持「四無」；

存放於倉庫的各種表格、文檔須歸類清楚，方便查找。

8.運營設備的整潔

顧客休息、洽談用的桌椅須每日擦拭乾淨；

各項辦公設備如電腦、印表機、電話機、傳真機等，須保持乾淨光亮；

辦公機器可使用清潔劑輕輕擦拭（勿任意使用酒精或去漬油擦拭，以免破壞設備表面材質）；

消防栓、電錶箱、電燈開關無汙跡、灰塵和蜘蛛網。

9.垃圾桶的清理

垃圾若裝滿時應及時清理；

大件垃圾或紙箱等要立即清除，不可任意放置於賣場中；

每日垃圾的清理工作應安排值日人員負責。

10.洗手間衛生標準

地面無明顯汙物、雜物、紙屑、煙頭；

便池暢通、清潔，洗手池無明顯鏽跡、雜物；

牆面乾淨、無汙跡、沒有亂寫亂畫；

保持空氣流通，無嚴重異味；

連鎖店週邊衛生標準：

為保證良好的環境，連鎖店須主動負責維護商店週邊地區的清潔活動，保持連鎖店週邊衛生環境清潔。

(1)門前地面：無明顯泥沙、污垢、煙頭、紙屑、雜物。

(2)外立面：

幕牆玻璃：乾淨、明亮。

牆面：無亂塗亂劃。

(3)綠色植物：盆裏無煙頭等雜物，盆外側無積塵，無污漬。

(4)促銷用品：橫幅、拱門、太陽傘等完好無損，無明顯汙跡。

九、連鎖店衛生檢查執行規定

1.店長是連鎖店衛生工作的全權負責人，須每日親自或安排人員監督檢查店面衛生兩次或三次，並責令相關人員整改。

表2　店長每日衛生巡查表

商店名稱：　　　　　　　　　　　　　　　　年　月　日

檢查項目	檢查情況	記錄	8：15 營業開始前	15：00 營業中	19：30 營業結束	備註
一	員工儀容儀表					
二	商品清潔	商店樣品				
		庫存商品				
三	店面衛生	門口				
		地面				
		牆壁、柱子				
		玻璃				
		展示區				
		收銀台				
		辦公區				
		倉庫				
		運營設備				
		垃圾桶				
		洗手間				
四	店面週邊衛生					
店長簽名						

　　註：合格的項目畫√，不合格的項目畫×，「備註」中註明不合格各項存在的問題。

表3　公共區域清潔檢查表
（門口、地面、柱子、牆壁、玻璃）

日期	清潔負責人	檢查人	檢查日期	檢查情況記錄
星期一				
星期二				
星期三				
星期四				
星期五				
星期六				
星期日				

表4　商品展示區清潔檢查表

日期	清潔負責人	檢查人	檢查日期	檢查情況記錄
星期一				
星期二				
星期三				
星期四				
星期五				
星期六				
星期日				

表 5　倉庫清潔檢查表

日期	清潔負責人	檢查人	檢查日期	檢查情況記錄
星期一				
星期二				
星期三				
星期四				
星期五				
星期六				
星期日				

表 6　辦公區清潔檢查表

日期	清潔負責人	檢查人	檢查日期	檢查情況記錄
星期一				
星期二				
星期三				
星期四				
星期五				
星期六				
星期日				

表 7　收銀台清潔檢查表

日期	清潔負責人	檢查人	檢查日期	檢查情況記錄
星期一				
星期二				
星期三				
星期四				
星期五				
星期六				
星期日				

表 8　運營設備清潔衛生檢查表

日期	清潔負責人	檢查人	檢查日期	檢查情況記錄
星期一				
星期二				
星期三				
星期四				
星期五				
星期六				
星期日				

表 9　洗手間清潔檢查表

日期	清潔負責人	檢查人	檢查日期	檢查情況記錄
星期一				
星期二				
星期三				
星期四				
星期五				
星期六				
星期日				

表 10　商店週邊衛生清潔檢查表

日期	清潔負責人	檢查人	檢查日期	檢查情況記錄
星期一				
星期二				
星期三				
星期四				
星期五				
星期六				
星期日				

備註：

1.衛生打掃時間一天兩次，早上營業前和晚上營業結束後。

2.商店地面發現果皮、紙屑、汙跡、水漬等應及時打掃。

3.檢查合格則在檢查表「檢查情況記錄」欄畫✓，不合格畫✕，並註明不合格的原因。

4.檢查表可裝訂成冊，根據實際情況掛在相應區域的牆上或閘上。

5.衛生檢查情況是考核員工的依據之一。

2.員工是連鎖店保潔工作的具體負責人，維持良好的衛生環境是商店每個員工的工作職責之一。

3.值班店長協助店長開展連鎖店清潔衛生的每日監督檢查工作。根據檢查結果責令相關人員進行整改，把衛生執行情況作為員工工作考核的標準之一。

4.商店可設立每週或每日衛生督導員，具體執行衛生即時檢查工作。

5.每月由店面管理部對所轄商店進行衛生抽查。

心得欄

6

商場的商品盤點工作診斷

1.盤點方式

商品盤點可分爲定期盤點和不定期盤點。定期盤點又分爲月盤、季盤和年終盤點三種。

2.盤點時間

⑴定期盤點

各個盤點時期的時間都會由公司具體通知。

月盤：每月盤點一次，按公司規定時間進行盤點，盤點時間一般在晚上下班後進行；

季盤：根據各地區的不同情況在季末進行盤點，夏季的盤點時間一般在 9 月份，冬季的盤點時間一般在 3 月份；

年盤：在每年的正月十五至正月二十之間。

⑵不定期盤點

商品季節性轉換時；

盤點結果差異太大時；

主管調動時；

意外事件發生後。

　　不定期盤點可由店長召集員工盤點或由公司的盤點小組指派專人協助盤點。為提高盤點效率及減少差錯，盤點設備均採用公司配備的專業盤點機進行。

3.盤點流程與規範

⑴盤點流程

盤點流程，如表 11 所示。

表 11　盤點流程

任務名稱	操作步驟	作業規範及注意要點
盤點	1.盤點前準備： ①對賣場和庫存區的所有商品進行整理，確保每一件商品的內外標誌、包裝和條碼完全正確統一；在確認的過程中，將陳列商品的吊牌一一翻出 ②確認是否有應核銷而尚未核銷的商品，如有應及時核銷或登記 ③檢查電腦單據中是否有未審核或出現差錯的單據，如有發現，應及時解決	參見《盤點前期準備事項》盤點人員安排：商店員工自行盤點，應合理安排各類(各區域)商品的盤點負責人，並做好區域配置圖公司派人協助盤點，如無特殊要求，則由商店主管與兩名經驗豐富的老員工配合即可
	2.盤點過程	參見《盤點工作標準》
	3.初盤完成	盤點結束後，參與盤點人員應及時將庫存及陳列的商品進行整理，恢復到標準狀態，準備第二天的正常營業做好盤點數據的保存工作

續表

盤點	4.盤點統計	盤點結束後，由公司盤點人員將盤點機帶回公司商品部，將盤點機當中的盤點數據導出進行統計
	5.二次盤點	如有盤點結果差異太大的商品，公司會要求商店進行個別商品的重盤，二盤的工作步驟與初次盤點的工作步驟相同
	6.盤點差異的處理	參見《盤點差異原因》參見《盤點差異處理辦法》參見《盤點差異的防止辦法》

(2)盤點操作規範

標準一：盤點前期準備事項

店長在平時要做好員工的盤點培訓工作，讓員工深入瞭解有關盤點的重要性及必要性；

商店應於盤點前一週內做好盤點相關工具及用品的準備工作；

店長應根據通知於盤點前三日內把盤點範圍告知商店成員，並於盤點開始前再次進行說明；

店長應根據通知於盤點前兩日內對盤點區域進行劃分；

商店應在盤點展開前對賣場或庫存的商品進行集中整理，

以便於盤點的實施；

為防止漏盤，提高盤點效率，店長須於盤點前認真做好盤點順序規劃。

標準二：盤點工作標準

盤點時，原則上先盤倉庫再盤賣場；

盤點時，依照由左而右、由上而下的順序；

（盤點時不要疏忽了模特身上的所有商品或展示陳列的小商品）

在用盤點機進行錄入時，切記按正確的操作方法進行操作，如條碼損壞，無法錄入而採用手工錄入時，應注意仔細確認，字體清晰；

盤點完的商品區域應附上自粘性貼紙或以其他方法標上記號；

商店主管確認盤點配置圖中有無遺漏的區域，在盤點期間應注意是否有漏點之處，必要時可採取抽盤檢查；

盤點期間，勿隨意移動商品，若有特殊狀況，須向盤點總負責人報告；

盤點時，應避免進出貨，若有應立即錄入或登記（一般選擇在晚上打烊後再進行盤點）；

盤點時順便留意是否有破損商品，如有應做好登記，然後上報主管作退回或報損處理；

盤點時要全部把數據接收完畢。

標準三：盤點差異原因

由於收銀員行為的不當所造成的問題：

手工操作時打錯了商品的條形編碼；

收銀員與顧客借著熟悉的關係，而發生不正當的行爲；

收銀員與營業員借著熟悉的關係，而發生不正當的行爲；

對於未貼條碼的商品，收銀員打上自己臆測的條形編碼；

誤打後的更正手續不當；

收銀員虛構退貨而私吞現金。

由於業務上手續的不當所造成的問題：

商店內部人員間的移轉漏記或統計上的差錯；

外借商品的漏記或者未加以統計；

商品的實際情況與條碼不符導致核銷出錯；

商品在出廠時就已存在商品的碼數內外不一；

商品部打錯條碼或物流部貼錯條碼；

商店的條碼掉落後，商店人員將條碼錯貼；

進貨或退貨的商品重覆或錯誤登記；

商店之間商品進出或調配單未予審核；

商店的核銷沒有過賬。

由於驗收不當所造成的問題：

驗收時未認真核對商品的數量，包括顏色和尺碼；

未經點數而直接進入商店；

未經開單而擅自攜出退貨商品。

商品管理不當所造成的問題：

因包裝或裝貨不良而導致輸送途中產生損失；

庫存商品在存放時沒有採取有效的安全措施而使商品損壞。

盤點不當所造成的問題：

看錯或記錯商品的貨號、顏色、尺碼或數量等；

盤點報表的統計錯誤；

盤點時遺漏；

因不明負責區域而作了重覆盤點；

小而且量多的商品沒有事先整理，導致盤點不正確；

同樣的商品出現兩個貨號或兩種價格。

工作人員不當而造成的問題：

未經收銀或登記擅自攜出商品；

未經核銷而直接收取顧客的貨款；

在運送途中偷取貨品。

顧客不當的行為而造成的問題：

顧客的偷竊行為；

與收銀員熟悉而借機少算；

將偷竊來的商品退回而取得現金；

顧客不當的退貨或將商品汙損；

調換商品的條碼標籤；

混雜於類似商品中，企圖欺騙收銀員的耳目。

標準四：盤點差異處理辦法

盤點所發生的差異損失即盤點所發生差異的商品零售總值；

如能明確造成差異損失的責任者則由其自行承擔；

未能明確責任者的將由商店工作人員共同承擔，具體承擔比例如下：

商店店長承擔差異損失的 50%，商店其他人員承擔 50%；

店主承擔的損失爲普通員工的兩倍，普通員工平均承擔其餘損失。

標準五：盤點差異的防止辦法

收銀員差錯的防止：

所有工作人員應熟悉商品的價格；

每張核銷單均須由銷售人員在上面簽名確認，其他人員也可相互監督；

賣場內廢棄的商品條碼不得任意丟棄，防止有心人冒用；

沒有條碼的商品在核銷時要加以再三確定。

偷盜行爲的防止：

各員工要提高警惕，對待可疑人物要特別注意；

現場主管要合理安排工作各區域人員，盡可能不出現有顧客無工作人員的區域；

未結賬的商品避免讓顧客直接穿在身上，特別是小件商品；

結賬後的商品包裝後要用專用膠紙封口；

員工離店時應主動將包敞開，接受他人的檢查和監督。

貨品出入管理差錯的防止：

嚴格遵照商店收貨、退貨、調配的規範流程進行工作；

未經核銷或登記的商品一律不可直接帶出；

確認所有退出或調出的商品公司是否已錄單並審核。

盤點差錯的防止：

制定盤點區域劃分、盤點作業規範的說明書；

盤點之前盤點負責人再次向參加盤點的人強調盤點的重要

性和盤點的注意事項；

　　盤點時採取區域交換的盤點方法以確保盤點數量的準確性；盤點報表的產生要自行複算，多次驗證。

4.商店商品的報損

　　無論是商品汙損、失竊、破損，或庫存等作業處理的不當而引起的商店商品耗損，商店員工均須詳細探討其原因，然後由商店店長根據實際情況主動填寫商品報損單，交回公司營運部審批並作責任賠償認定。

　　商店須對物品耗損的原因進行總結分析，並做出有效的防止措施。

5.商店商品的調配

　　商店及閘店之間的商品調配通知一律須由公司監控部發出，並有相關監控部主管簽名的商品調配通知書（一般以電子郵件方式通知）；

　　商店收到商品調配通知書後應嚴格遵照執行；

　　調出時須開具一式三聯的商品調配單，其中一份留底，另外兩份隨貨送與調入商店；

　　調入商店收到調配的商品後應及時根據調出商店所開具的商品調配單對商品進行簽收確認；

　　調配所發生之費用，須由調入方負擔；

　　調配時，不論貨品調出或調入，均須仔細清點，並由雙方簽認，以示負責。

6.商店商品的退貨

　　商品退貨包括兩種情況：一是公司要求退貨，二是因商品

品質問題而退貨。所有退貨的商品均須開具一式三份的商品退貨單，其中一份由商店留底，其他兩份隨同貨品一起退回公司次品倉。

⑴公司退貨要求處理工作標準

公司要求退回商品的通知一律須由公司監控部發出，並有相關監控部主管簽名的退貨通知書（一般以電子郵件方式通知）；

商店收到退貨通知書後應及時回饋並嚴格遵照執行，如有異議或疑問應及時與相關部門溝通協商；

退貨商品的包裝應按通知書上註明的要求執行；

打包完成後，根據商品大件數，開具物品中轉簽收單；

通知儲運部取貨，同時告知公司儲運部退貨件數並注意查收，儲運部收到商店通知後應及時回覆；

如果有退還貨品的，必須在 30 分鐘以內讓商店管理人員簽字（防止貪污）。

⑵品質問題退貨處理工作標準

商品品質問題指生產廠家或供應商提供的商品不合格，商店原因導致的商品品質問題不在此列；

出現品質問題的商品須在出現問題的地方貼上標籤，必要時加以標註說明。

7.商店商品的單據管理

所有的回單應盡可能地讓送貨員直接帶回或隨貨送回公司，若無條件可先傳真到公司儲運部，以便審單員能夠及時完成當日的單據審核工作。

商店應將所有單據歸入專門的檔案袋妥善保管，待有退貨時及時送回公司，爲減少公司營運成本，非特殊情況，不建議商店採用傳真形式進行單據的傳送。

儲運部簽收的送貨單、調配單和開具的退貨單一律裝入相應的流通專用袋內。

所有商店留底的轉倉單、調配單、物品中轉簽收單等各種與商品有關的單據，均須由商店進行分類，並歸入專門的檔案袋，妥善保管，以各檢查核對。

心得欄 _
_ _
_ _
_ _
_ _
_ _

7

便利商店的績效評估診斷

一、店鋪運作的診斷

如單從字義來看，會誤以為店鋪自我診斷與績效評估，只是對商店本身進行診斷就足夠了，而忽略了真正決定商店經營成敗的「經營者」在「觀念」上的診斷。

商店診斷及績效評估不難，可借助許多前輩所制訂的標準，運用科技、數據來評定商店經營的好壞。但診斷後，經營者能否體察現實，虛心面對自我觀念上的盲點，進行行動上的突破，才是店鋪自我診斷及績效評估的積極意義。

在商店實際運作的診斷項目，有以下 7 種：

1.最優選址的診斷

經營商店主要的三個條件：「第一為地點、第二為地點、第三還是地點。」地點選對了，店鋪經營起來可獲事半功倍之效。不過由於時機的差異，如果商店不是設立在此商圈範圍中的最佳位置，將大為削弱競爭力，最好儘快將店移至最佳的地點經營，或力圖將該店面轉租，再開一家以避免讓競爭者捷足先登。

2.開店成功率的診斷

商店是非常講求本土化的產業，所以必須要能掌握該商圈的特性，才能提供合適的商品及服務。因此開店前的調查、資訊收集及判斷是否正確，將影響日後的運營。

所謂「開店成功率」，指開店前的預估與實際運作成績之間的差異，在±10%以內。因此，如能累積開店經驗，並化爲評估標準，則開店成功率將可人爲提升。

3.坪數的診斷

日本 MCR 協會認爲，便利商店的坪數在 20 坪～70 坪之間。而在此坪數之間，並非經營的成效就相同。到現階段爲止，40坪的營業額及淨利分別是 20 坪的 2 倍及 4 倍之多。也就是說，坪數雖小，費用成本卻不會因而降低，但商品結構卻因此無法滿足消費者；反之，坪數雖大，如無合適的產品及有效的管理，其成效也未必成正比上揚，只有適當的坪數，績效才會最大。

表 12　坪數與績效的關係

坪　　數	18～20	21～30	31～40	41～50	51～60	61～70
效率指數	63	90	99	100	99	98

註：以日營業額÷坪數，約得出 41～50 坪的便利商店其每坪日營業額高居其他各面積，再以 41～50 坪的每坪營業額爲標竿(100)，比較其他各種不同面積便利商店的每坪營業額，即爲坪數的效率指數。

4.商品結構的診斷

便利商店主要是滿足顧客的即刻需要，因此在經營時，決不可自限於賣場小，而放棄或忽略了商品結構，應隨時調整以

滿足顧客的需求。但商品齊全絕不是單指對同質商品而多種品牌的豐富，而是指多項產品單一（或兩種）品牌的多樣。因為，實際上大多數的產品，取代性是非常高的，也只有掌握大多數消費者的需求，有限的營業面積才不致浪費。

臺灣便利商店所販賣的商品數約在 2000 項左右，但嚴格說來，其中有許多不同品牌但重複的商品，如掃除重複的商品，實際上可能只有 1500 項左右的商品數。美國便利商店的商品數約 2500 項左右；韓國便利商店的商品數約為 2800 項左右；而日本平均則高達 3100 項左右的商品數。

以日本便利商店高達 3100 項商品數的商品結構分析：其中前 10%的商品數（即大約 300 項最好賣的商品數）的銷售額佔總營業額的 50%，而前 50%的商品數的銷售額則佔總營業額的 80%，其餘 50%的商品數則僅佔總營業額的 20%。

不過這並不意味著便利商店中僅販賣前 50%（即最好賣的約 1500 項產品）的商品，營業額就可維持在既有 80%的水準。那些非前 50%的產品，或許營業額較低，卻可扮演吸引來客的角色。顧客會因您的店提供了多樣且豐富的商品，而無需因商品種類不齊全，導致在甲店買了 3 種商品，另外 2 種商品卻須轉至他店購買的不便；或是驅車前往較遠的中型或大型零售店購買，費時費事。

因此，如何把同質商品但多種不同品牌的重複商品加以篩選刪除，引進更多便利、差異性商品，使商品數更加齊全，健全商店的商品結構，滿足消費者「一次購足」的需求，日本便利商店商品結構的分析數字及意義，值得業者思考及跟進。

5. 動線的診斷

眾所週知，經營要化被動為主動，但卻常常忽略了顧客進門後的隱藏式推銷，或是在陳列上犯了顧客心中的大忌卻不知。

大部份的顧客喜不喜歡正面遇見店職員？習慣靠右走還是靠左走？他們的眼光及腳步通常停留在什麼地方？習慣使用右手還是左手？走道的寬度要多寬？能不能利用陳列的技巧，指引他們至少能瀏覽一次全店的商品？這些問題必須好好加以解決，才不致讓消費者侷促，感到只想快步走開。

最好的動線設計，是能讓消費者進門後，會不自覺地「繞店一週」，亦即讓消費者無形中能對商店所銷售的商品有所記憶，一旦有了需求，便可很快地上門購買，達到商店販售的目的。

6. 店頭行銷的診斷

在行銷導向的市場發展趨勢中，許多業者非常迷信於廣告的投資。無論是製造業也好，零售業也罷，似乎沒有廣告就會折損競爭力，其促銷案的推出，也將前途無「亮」了。

無庸置疑，廣告的投資有其必然且正面的效力，但一定要有大量的廣告才能提升經營的效率？答案不一定是肯定的。

根據美國 IRI 的調查，假設某產品做降價 10%的促銷活動，若其不做廣告也不做店頭行銷（店頭告知展示及面銷），則該產品僅能提升 20%的業績；若只做廣告，但店頭行銷的工作未陸續配合，則此產品尚可提升 78%的業績；如果不做廣告，僅做店頭行銷的工作，則可提升該產品 108%的業績。當然，如果同時做廣告及店頭行銷的話，該產品的業績便可提升 203%了。

表 13 廣告、店頭行銷與業績的成長關係表

推廣方式		降價 10%
廣告	店頭行銷	業績成長比率
×	×	＋20%
√	×	＋78%
×	√	＋108%
√	√	＋203%

由表 13 可清楚地看出，便利商店提升業績最有效率的方式，是做好「店頭行銷」的工作。

所謂「店頭行銷」，也就是在店頭所做的告知展示及面銷的工作。業者可以很輕鬆地只花一點點費用，就可將告知及宣傳做好；只要多向顧客進行面銷，業績就可提升78%。很多時候，也許財力上受到限制，但業者千萬不要忽略了小店唾手可得的資源，「社區域滲透」是小店最大的利益。

小店不必太怨天尤人以及過於迷信廣告，有計劃地做好店頭行銷工作，掌握住「惠而不費」的原則，與73%的固定顧客建立客情及做好面銷的工作，才是便利商店最有效率的競爭利器！

7.商品力的診斷

便利商店是非常本土化的產業，須顧及本土的消費習慣、經營環境及商品產銷系統，外來的和尚儘管會念經，但總要消費者願意接受，若一味地向外模仿或抄襲，將很快為消費者遺棄，而遭到淘汰的命運。

每一個區域甚至每一家店，都可能因商圈的不同，而有不同的商品結構。因此，當瞭解到便利商店其實是要能提供顧客「即

刻需要」的本土產業之後，商品定位便成為非常重要的課題及決勝的關鍵之一了。

統一超商在1991推出的「大亨堡」，便是因其能緊抓住消費者的需求而一炮走紅。

分析「大亨堡」的成功主要原因在於：

(1)提供了顧客即刻需求的滿足；

(2)迎合吃熱食的習慣，且將產品塑造成年輕、時髦的特性；

(3)與超級市場有明顯的區隔；

(4)美味好吃，具有多種適合國人可自行調配的口味；

(5)容易操作，無論是店職員或消費者皆可輕易完成操作；

(6)設備、產品不佔空間；

(7)回轉快，且不易有損耗的發生。

(8)最重要的因素是毛利高。

身為經營者須能領會本土產業的真義，對於所要服務的對象，更要投注心力加以研究觀察。所謂的商品力，是奠基在一群深切洞悉市場需求，且願意下功夫研究開發的團隊人員身上。

好的產品開發加上好的創意行銷，強大的通路背後擁有健全完善的支援體系，終能創造出輝煌的戰績。

二、管理上的診斷

有關管理方面的診斷，再細分 16 個診斷項目：

1.形象的診斷

便利商店的坪數雖是寸土寸金，但絕不可因而陷入「貨物

商品的密集度越高,經營成效就會越好」的錯誤想法,而導致玻璃門上貼滿了廣告海報,讓消費者看不到店內:或將酒瓶、空箱任意堆置門前,而令消費者裹足不前。

時代的進步,消費者早已由逆來順受,覺醒成知性且具強烈自主的主控立場。這一龐大的消費群主導著市場行銷的策略,更決定了各行業的興衰。如業者仍停留在毫無過濾、一味地推銷,埋首店鋪空間的充填,將使原先「便利商店」的定位「復古」回到「阿公阿媽店」。因為消費者要的是「看得到的安心」「感受得到的放心」,如商店外觀無法讓消費者看到安心及感到放心,在便利商店 5 步 1 家的競爭環境下,「另尋他店」是消費者唯一的選擇。

據日本 MCR 協會的調查,每家便利商店每年的來客數會自然流失 27%,但會自然增加 30%,這新增的來客數中,有 78%的消費者因商店的外觀而決定是否入店購買,入店原因的第二順位,才是對該店的習慣性及知名度。清爽的外表,是吸引人想進一步接近的唯一之途,提供消費者「舒適」的購物環境,已是現今不可或缺的經營條件。千萬不可因小失大,落入淘汰之途。有最好的硬體設備,當有高水準的軟體維護,便利商店的經營成效,則展現在兩者力量的結合上。

2.一人當班(one man operation)的診斷

在成熟的市場中,當所有外在因素皆趨穩定時,各家店的差異勢將有限。在無太大區別中,就看誰的管理效率好,誰就能用最經濟費用,運用更多的資源,以賺取更多的利潤。

而在商店的經營中,人事費用一向是主要的支出,在提升

效率的前提下，是不是能減少這方面的開支，而又能同樣維持應有的經營水準，甚至超越既往，是亟待思考的課題。

　　日本便利商店第一線的從業人員，每人每年的勞動生產力（即毛利額）最少須創造出 400 萬日圓，方能達平衡點。由以上的數字看來，人力資源的應用，在於經營者能否提供相當的環境，以助其簡化不必要的工作。

　　因此，對於如何達到「一人當班」以提升經營效率，提出以下看法：

⑴加入連鎖經營，業績可提高 40%

　　選擇品牌形象良好，收費合理，而且能提供整套運作支援的連鎖體系，依附在其庇蔭下，最顯而易見的效益將是業績上揚 40%。而總部通常都集結了各方面的人才，以帶動全體加盟店的運作，業者不妨善用總部的各項資源，即總部所提供的服務，如企劃、店鋪設計、教育訓練、店鋪運作的指導、商品供應及整體促銷等等。

⑵全部向總部進貨以降低成本

　　一家便利商店的品項約 2000～3000 種，如以一家廠商可供應 50 種商品來計算，業者則需同時面對約 60 家的廠商，從議價、訂貨、點收、核賬到付款，過程繁雜且冗長，所耗費的精力將使業者無暇顧及其他，也許進了便宜 1～2 元的產品，卻已花了業者數天的人事費用支出，且因無暇管理而缺失漸現。

　　全部向總部進貨，則僅需要面對一個廠商，又因結合大眾的力量、議價能力自然就強，價格便可下跌，節省了成本，降低了費用，強化了管理，當然提升了賣店的競爭力。

⑶自動化的商品

科技的發達帶給人們莫大的便利，商店內進銷退存的管理、電腦的計算及歸納能力，要比人類來得快速、精確，將繁瑣易錯的工作交給永不會抱怨且快速精確的電腦吧！

善用資源做到「一人當班」的便利商店，方能在面對未來的競爭下，奠定更深厚的生存利基。

3.營業時間的診斷

便利商店生存的基本要件就是提供消費者更多的便利，是不是能在購買的距離、提供的商品及營業時間上，給予更大的方便，是便利商店的經營特色。

如涉及價格，量販店可提供更便宜的商品；如涉及購物環境，量販店更輕鬆自在。因而，在眾多便利性中，時間的便利成為便利商店經營最重要的一環。

尤其在當今夜間人口佔 1/4 強時，24 小時全天候的經營，將是他種業態商店遠不能及之處，只有便利商店可掌握這一消費族群。雖然，24 小時營業會造成管理上的一些困擾，但是管理上的問題要用管理的方法來克服，才不致失去應有的競爭力。

⑴ 24 小時營業，可提升原有營業額的 1/2。據統計，臺灣夜間 23：00～次日早上 7：00(稱為大夜班)的營業額，為早中班(上午 7：00～晚上 23：00)營業額的 1/3。

若早中班營業額為 6 萬元，再延長為 24 小時營業，則營業額可提升至 8 萬元。只多支出一人的人事費用及少部份水電費，便可提升原先 1/3 的營業額。因此，若以費用來估算，一般而言，大夜班的營業額只要 3000 元，即可平衡費用的支出。

(2)大夜班營業額成長期可達 3～7 年。大夜班的經營,初期可能無法如預期的好,但營業額將會持續成長,成長期可長至3～7 年之久。深夜經營的告知效果,隨著時間的累積,告知效果將以倍數擴散,「便利安心」的形象建立,深夜正是佳機。

(3)盤損的發生常因營業時間有空檔,而導致職員行竊的憾事發生。在偷竊者中職員佔了高比例,而行竊時間則大部份集中在打烊後,關起門來,無顧客進出,無同事接班,其放心程度可以想見。因此,全天候營業,則營業時間既無空檔,且有顧客成爲店裡的守護神,盤損情形可望減少。

(4)便利商店的業者常常談搶色變,認爲搶劫是商店經營的致命傷,且必定發生在深夜。當然,搶劫是全球任何一個角落都可能發生的事情,只有做好防範措施,方能有恃無恐。現金的處理,要以管理的制度來解決。拉下鐵門暫停營業,只是造就搶匪更好下手的契機。因此,24 小時營業雖無法完全避免搶匪來襲,卻可因現金管理得當而將損失降至最低。

(5)充塡、補強,非大夜班莫屬。在早、中班的營業時間,可能因生意較好而令清潔補貨的工作不甚理想。大夜班人員即扮演了非常重要的魔棒角色——承接中班的疲憊倦容,透過巧手的整裝清理,經過一番補強、充塡,已換成一室的乾淨、清爽、充滿生命感,迫不及待爲這忙碌的一天付出心力。

顯而易見如果不是全天候營業,那麼補強、充塡的工作則須留待加班完成,或是再增加人手以應付。同樣的工作,同樣的費用支出,卻可能因時間的調整,而有正面貢獻的營業收入。

(6)掌握 24 小時有效率運作的利基:便利商店贏的策略之

一，即 24 小時營業。毋需支付太多的費用，即可有效率地全天
候運作，這點對大型超市或量販店而言，若要依樣運作，則需
龐大的支出，同時定位的差異，所獲效益可能有限的情勢下，
便利商店更應善加發揮經營上的特性，求取更廣闊的生存空間。

4.組織系統的診斷

便利商店若想最大限度地發展，勢非一人能力所及，必須
靠組織系統來運作。而店數達到某一階段，其組織系統更須隨
之調整，以因應運作所需。

(1) 30 家店以內，採用直線(line)的管理方式，即一條鞭
指揮運作。在這一階段，區代表完全背負「承上啓下」的功能。

(2) 100 家店以內，則須建立機能性(function)組織系統，
亦即各項職掌需專人負責運作，如採購、行銷、財務、開店等
等，各司其職，每一個部門的機能劃分清楚，合力運作，讓門
市後援力更強。

(3) 500 家店以內，則須建立直線加幕僚(staff)的組織系
統，這一階段幕僚人員的功能必須予以發揮，如情報收集分析、
未來策略應用制訂及各項機能間的調度應用等等，各機能間並
配合直線管理運作，如此一來整體連鎖力量便可展現。

(4) 1000 家店以內，則必須以專業部制的組織來運作管
理，由於店數眾多，若都由總部統籌管理，在時效及力量上，
將出現鞭長莫及的無力感。因此，必須開始劃分區、課(或辦事
處)的組織，讓各事業部獨立運作，才能真正落實管理。

(5) 1000 家店以上～5000 家店以內，即必須獨立成公司，
來管理如此龐大的連鎖系統。

5.客情掌握的診斷

顧客最需要的是「被尊重」的感覺，在便利商店的來客數中有 73%是固定顧客，如何讓這 73%的人對商店有足夠的「向心力」，就從認識他們開始吧！每個人都喜歡聽到別人親切地稱呼、認識他們，因為這是「被尊重」的開始。店職員也會因此結交到更多的朋友而「樂在工作」。

「歡迎光臨」只是建立良好客情的開場白而已，接下來的言語內容比「歡迎光臨」更為重要，且更能抓住顧客的心。所以，對於顧客第一次的見面禮，或能以「歡迎光臨」招待他們，但是，第二次以後就要設法認識他們，叫得出對方的稱謂。如果以「×老師，早安！」做為區別顧客對象的用語，來代替「歡迎光臨」，將會有 95%的顧客有反應，而且還會回應「早安！」

顯然，顧客關係的維繫確實不易，且需要花費長時間與心力。有些人甚至認為，即使不和顧客打招呼，店鋪仍是生意興隆，照樣的「人來人往」。殊不知，在每年會有 27%流失掉的顧客中，其中有 68%的顧客是因為不滿意店員的服務而離開。

這些不再上門的顧客，很少會反映他們的不滿，反正便利商店到處都有。也正因為如此，更須用心地經營店鋪與顧客間的互動關係，掌握顧客的心，才能掌握他的消費！

6.資訊掌握的診斷

利用簡便的設備，讓經營者更確切瞭解客層、銷售量、毛利及商品回轉情況等等。在商店未完全進入自動化前，標價紙的顏色管理、貨架卡、收銀機的功能應用、盤點作業的執行等等，皆可提供相關資訊情報。

7.防搶的診斷

歹徒之所以行搶，主要目的不外乎「要錢」。為了避免歹徒的覬覦，商家平時就應做好現金管理。在來往人群目光所及的收銀機內，只要放置營業中所必需的零錢（以不超過 1000 元為原則），其他的收入皆須投進只可放進而不能任意打開的保險櫃，保險櫃鑰匙及密碼由經營者或管理者保管。當班職員僅負責收銀，並將大鈔投入保險櫃，如此一來，即使歹徒上門，損失也非常有限。

8.盤損管理及防止的診斷

便利商店經營，進出貨頻繁，加上顧客每天人來人往，損耗在所難免。盤損管理得當，可獲得 4 項效益：增加營業額、降低成本、提高淨利、降低損耗額。也就是說，加強盤損管理及防止，相對地可大幅提升獲利。

9.現金管理的診斷

現金收入是便利商店經營的特性，一方面提供了業者充足的週轉金，但同時也必須相對地予以妥善管理，才不致讓「外人」或店職員有機可乘。

報表的填寫，是每日必需的作業，從短溢的數據中，可發現問題所在。通常，短溢如能控制在每店每日 100 元之內，則屬正常。

10.競爭店的診斷

便利商店要如何面對競爭？其所憑恃的利基又在那裡呢？依照行銷的觀點來看，就是「出奇致勝」！換言之，就是做別人不能做，或是做別人不容易做到的事，不斷地尋找自己的差

異性，即是致勝的重要關鍵。

⑴商品結構的重整

消費者的需求千變萬化，便利商店的商品結構也須在有限的營業空間內不斷地調整更替，創造更多別人無法競爭的差異性商品，以能在滿足消費者需求的同時，亦保有應得的利潤。這一點雖然讓從業人員感到棘手，卻是直接獲利的來源。

⑵差異服務的凸顯

在高喊人際間疏離感越來越嚴重時，便利商店的經營魅力將越來越容易發揮。小小的空間中，只要花些心思，就可很容易地掌握進出消費者的脈動，因為每個人都需要被關心、被尊重，因此，瞭解他們（姓名？住那兒？在那兒上班、上學？父母、小孩、兄弟姊妹是誰？個性？……）、關心他們（為什麼今天看來神色黯然？或神采飛揚？有什麼事可分享或分擔？……）、給予消費者和諧的氣氛、溫馨的感受、尊重顧客的權利，都是免費與顧客建立客情的最佳良方。要知道在大營業賣場中所常見的排隊等候結帳，及不知來者是誰的冷漠情形，在便利商店的經營上，是不被允許的。

⑶無陳列銷售

30～40 坪的營業面積內，能擺設販賣的商品畢竟有限，如何應用商店良好的品牌形象，販賣更多不需佔用商店擺置空間的商品，使商品種類及銷售機會無限增加，也是提高自我商品力的要素之一。

11.定價的診斷

任何市場最忌諱的就是削價競爭，如淪落到這種地步，其

結果必定兩敗俱傷。便利商店的經營策略並非以價格取勝,只要定出消費者及業者本身都可接受的價格,就是合理的價格。

為了保有及重視既定的消費群(如家庭主婦),在價格的訂定上,可分三種類別:

⑴敏感性產品

屬必需品,市場價格波動大,且消費者極易感受到價格的變動,如雞蛋。在定價上不妨稍低於市面價格,以吸引帶動更多的來客,並消除其對便利商店「貴」的印象。

⑵一般商品

指品牌知名度高、市面上四處可見、容易取代的商品,此類商品價格,則可依一般市價訂定。

⑶特殊商品

商店自行開發、市面上沒有可比較的商品,可冠以較高利潤,但價格與產品的價值必須一致,消費者才會接受,否則徒增「貴」的形象。統一超商早期的思樂冰、加冰可樂以及近期的大亨堡,都是成功的案例。

12.開幕造勢的診斷

商店新開幕時,如能一炮打響,將可為日後的業績奠基,因此開幕前的準備工作非常重要。廣告車的宣傳、旗海造勢、DM告知、人員拜訪、汽球贈送、試喝(吃)活動、特價促銷、舞龍舞獅、遊戲競賽等等,是常見的開幕造勢活動。除此之外,只要同時兼具「吸引人潮」及「正面形象」的目的,任何造勢活動都可嘗試。

13.督導人員（Supervisor）的診斷

督導人員是本部與門市之間的靈魂人物，除了直達本部的各項政策外，主要解決門市中所發生的種種疑難雜症。所以對門市而言，督導人員其實扮演著相當於「醫生」的角色。因而，督導人員必須具備三個條件：

⑴術（醫術）

擁有豐富的便利商店經營專業知識，如此方可爲門市解決問題及提擬競爭對策。

⑵德（醫德）

承上啓下間不可有所偏廢，所謂職業道德，其中包含了更多對門市愛心與耐心督導的期許。

⑶品（醫品）

如無包容之心，督導人員將很容易與門市發生衝突。由於督導人員身負重任，事務繁雜，「醫品」的養成教育，將可凝聚團體的力量，化阻力爲助力。

14.衛生管理診斷

商店形象建立不易，但卻常在不經意中被破壞。便利商店主要在供應消費大眾一般日常所需，因此建立令消費者「安心」的形象，爲當務之急，而主要工具則爲衛生管理。

經常檢視商品的到期日，定期進行設備的清潔保養、開封食品的化驗……，都須業者列表清查。只有乾淨又衛生的商店，才能讓消費者「安心」上門購買，也才能長久抓住顧客的「心」。

三、店鋪績效評估

眾所週知，便利商店的經營費用不外乎「租金」及「勞動費用」。過於迷信高租金必是好地點的做法，是非常危險的。畢竟，營業額有其極限，致力於開源之際，不妨回頭反省節流的真義。「勞動費用」是指商店內直接從事操作人員的費用，一般而言，一位店職員每天以 8 小時為工作時間計算，就目前臺灣的便利商店而言，一家便利商店約需 7 人，日本則約需 7.3 人。

究竟「租金」及「勞動費用」需控制在多少之內才合算呢？以年生產力（又稱年毛利額＝年營業額×年平均毛利率）來計算的話，其用於支付「租金」及「勞動費用」的費用，不得超過年生產力的 60%，如果能控制在 60%之內，就可稱得上良質店了。

如再將「租金」及「勞動費用」予以區分，嚴格來說，租金以不超過生產力的 20%為佳，勞動費用則以不超過生產力的 40%為優。

生產力扣除了「租金」及「勞動費用」後剩餘的 40%，方足以支付廣告費、研究費及本部其他的一些費用。而欲使自己的店成為良質店，除了控制房租外，勞動費用的控制、使用兼職人員、投入效率化設備等，就成了必然的課題。

8

商店收銀作業的診斷

賣場收銀作業是零售業顧客接觸到最多的服務。因此收銀作業在很大程度上是賣場的標誌性服務，是顧客瞭解零售業服務的主要途徑之一。

同時，收銀作業不只是單純地爲顧客提供結賬服務；收銀員（營業員）收取了顧客的貨款之後，也並不代表整個零售業的銷售行爲就此結束。因爲在整個收銀作業的流程中，還包括了對顧客的商品包紮作業、禮儀態度、信息的提供、現金作業的管理等各項前置和後續的作業。

收銀作業的區域範圍除了包括爲顧客結賬的收銀櫃檯之外，還有包裝台和服務台。收銀作業的內容一般包括：營業前的清潔整理、收銀機的設置與修理、核實商品的銷售價、收款作業、結算和工作後整理，收銀作業的基本流程大體可分爲營業前作業、營業中作業和營業後作業。

賣場開始營業前，收銀員必須進行一系列準備工作，包括清潔整理收銀作業區、整理補充必備的物品、補充收銀台附近貨櫃的商品、準備好零錢、檢驗收銀機、收銀員服裝儀容檢查、

熟記並確認當天特價品及晨會禮儀訓練等。在零售業賣場營業中，收銀作業的主要內容是收銀與整理作業。零售業賣場店鋪營業後，收銀作業的主要工作是結算事宜。具體內容包括：清點現金、關閉收銀機電源、整理清潔收銀台週圍環境等。

表 14　賣場的收銀作業內容

基本流程	作業內容
營業前的收銀作業	清潔、整理收銀作業區：①收銀台、包裝台；②收銀機；③收銀櫃檯四週的地板、垃圾桶；④收銀台前頭櫃；⑤購物車、籃放置處
	整理、填充必備的物品：①購物袋(所有尺寸)、包裝紙；②圓磁鐵、點鈔油；③衛生筷子、吸管、湯匙；④必要的各式記錄本及表單；⑤膠帶、膠台；⑥乾淨抹布；⑦筆、便條紙、剪刀；⑧釘書機、訂書針；⑨統一發票、空白收銀條；⑩鈴鐘或警鈴；裝錢布袋；「暫停結賬」牌
	補充收銀台前頭櫃的商品
	準備放在收銀機內的定額零錢：①各種幣值的紙鈔；②各種幣值的硬幣
	驗收銀機：①發票存根聯及收銀聯的裝置是否正確，號碼是否相同；②機內的程式設定和各項統計數值是否正確或歸零
	收銀員服裝儀容的檢查：①制服是否整潔，且符合規定；②是否佩戴識別證；⑨髮型、儀容是否清爽、整潔
	熟記並確認當天特價品、變更售價商品、促銷活動，以及重要商品所在位置
	準備服務台出售的各種速食品或飲料，如可樂、爆玉米花
	補充當期的特價單、宣傳單；準備當天的廣播稿、早會禮儀訓練
	招呼顧客、為顧客提供結賬服務、為顧客提供商品入袋服務

續表

營業中的收銀作業	特殊收銀作業處理：①贈品兌換或贈送；②現金抵用券或折價券的折現；③禮券或印花的贈送；④折扣的處理
	無顧客結賬時：①整理及補充收銀台各項必備物品；②整理購物車、籃；③整理及補充收銀台前頭櫃的商品；④兌換零錢；⑤整理顧客的退貨；⑥擦拭收銀櫃檯，整理環境
	收銀台的抽查作業、顧客作廢發票的處理、中間收款作業、保持收銀台及週圍環境的清潔、協助、指導新人及兼職人員、顧客詢問及抱怨處理、收銀員交班結算作業、單日營業總額結賬作業
營業後的收銀作業	整理作廢發票以及各種點券、結算營業總額、整理收銀台及週圍的環境、關閉收銀機電源並蓋上防塵套、擦拭購物車、籃並定位、協助現場人員處理善後工作、清洗烹調速食的器具、關閉服務台各項電器用品的電源（如音響、麥克風等）

心得欄

9

商場的 CIS 診斷

CIS 系統能有效整合和提升企業、品牌形象，以全方位展示企業整體性實力，從而達到更深層次的吸引消費者的目的。

一、CIS 的構成

我們可以將企業 CIS 的三系統比喻成一個人的三方面：試想，一個沒有任何個性的人，當你與他見面後，再埋首於繁忙的工作中，你會很快想不起他是誰。而另一個人，外衣是當季最新款的時裝，舉止彬彬有禮，談吐幽默風趣與眾不同，相信在一段時間過去後，你還能想起他。這就是 CIS 的最大也是最基本的優點。

完整的 CIS 系統由三個子系統構成：理念識別系統 MIS(Mind Identity System)；行為識別系統 BIS(Behaviour Identity System)；視覺識別系統 VIS(Visual Identity System)。三者只有相互推進，共同作用，才能形成最佳的 CIS 效果(表 15)。

表 15　零售業 CIS 系統的構成

構成	定義	表現	例子
理念識別系統 MIS	CIS 的核心與原動力，包括企業經營哲學、經營宗旨、經營理念和價值觀等意識文化方面的東西，它賦予企業以靈魂，是整個 CIS 設計的基礎	理念識別系統是一個商店由內向外地擴散其經營理念，貫徹企業精神，可以達到使公眾深刻認識其識別目標及有力塑造賣場獨立形象的效果	美國麥當勞速食店的理念識別系統概括爲 QSCV 四個字母：意爲：高品質的產品(Quatity)，快捷微笑的服務(Service)，優雅清潔的環境(Clean)及物有所值(Value)
行爲識別系統 BIS	企業確認自己的理念之後，必須制訂出一套使理念具體化的措施，使理念由抽象化過渡爲具體操作化，企業行爲系統是理念識別系統動態形式的外化與表現	它體現在企業內部的制度、組織、管理、教育等方面及企業外部的促銷、公關等各項活動中	麥當勞公司確定了自己的 QSCV 理念後，就制訂了一套系統的行爲規範來表現它，包括營業訓練手冊 OTM，崗位檢查表 SOC，品質導正手冊 OG，管理人員訓練 MDT，從洗手消毒等有關細節至管理都用準則程序加以規範，無所不包，確保了 QSCV 的貫徹
視覺識別系統 VIS	企業在 MIS、BIS 的基礎上向外界傳達的全部視覺形象的總和。視覺識別系統是最外在、最直觀、最形象生動的靜態識別符號	它通過具體可見的視覺符號，對外傳達商店的經營理念與情報信息，是 CIS 中最有感染傳播力，影響廣泛的識別子系統，能快速而明確地達到認知與識別的目的，塑造出賣場的個性形象	麥當勞公司將 Mcdonal 的 M 設計爲金黃色雙拱門，象徵著美味與歡樂，象徵著麥當勞的「QSCV」像磁石一般不斷地將顧客吸進這座歡樂友好之門。無論你身在何處，只要一見到這個金黃色雙拱門，就能引你進入一個享受速食的天堂

二、導入 CIS 的原則

CIS 設計不是漫無目的的遊戲，而是在一定原則指導下的具體操作。

1.高度統一性原則

CIS 中的 MIS、BIS、VIS 猶如一棵樹的根、莖、葉，三者需遵循統一性原則，互相補充交映成輝才能形成一個完整的「樹」的形象。因此，CIS 設計首要一點就是神形兼備、表裏一致、言行統一，而絕不是純視覺化的美學設計或空洞無力的口號。

2.個性原則

CIS 的基本功能是識別。因此，CIS 設計應突出本企業特色，通過精心設計的表現形式，引起顧客及社會大眾的注意及聯想，進而使人們在領會企業豐富內涵的同時，形成對企業的認可、信任甚至是依戀。

CIS 設計切忌盲目模仿，人云亦云。一個連基本標誌都粗製濫造，模仿抄襲其他企業的商店必然難以打動顧客。盲目追求購物環境的西洋化、高檔化常會收效甚微。

CIS 設計應是各個商店對時代潮流、民族文化、企業經營的歷史和文化等多方面體會與總結的精煉，也是商店對未來發展的高瞻遠矚及美好心願。一個好的 CIS 需構思新穎，能從語言、圖形、色彩等幾方面形成良好的特色及識別性。

3.戰略性原則

CIS 設計是一種戰略，是全面推出企業形象的系統戰略。
C1 策劃絕不是一個簡單的視覺問題，而是對企業未來 10 年、
20 年甚至更長時間所做的規劃。CIS 設計是一項高智慧的活
動，是關係到商店前途及命運的工作，工作中的一個錯誤就可
能損害一個企業。爲此，在進行 CI 策劃時，必須對企業的內外
運作、內外環境、市場情況及發展前景進行全面的瞭解與考察，
並與全體員工們一起從戰略的角度來完成全部工作；CIS 設計
的每一個細節都須仔細斟酌審查，來不得一點馬虎。

三、CIS 的實施步驟

零售業實施 CIS 的步驟有：CIS 啓動階段、CIS 現狀調查階
段、CIS 設計開發階段與 CIS 實施管理階段。

1. CIS 啟動階段

爲適應零售業發展競爭及賣場環境的需要，由零售業最高
領導層作出 CIS 啓動計劃。這時，爲保證 CIS 設計流程的順暢
完成，需深入細緻地進行大量導入前的準備工作。

啓動階段的主要工作有營造CIS的氣氛與組建CIS委員會。

零售業現場氣氛離不開商店全體員工的集思廣益，離不開
全體員工的攜手奮進。CIS 導入實施過程應是全體員工共同參
與及投入的過程。在廣大員工尚不熟識 CIS 這一新生事物的情
況下，加快 CIS 基礎知識和基礎理論的宣傳普及將成爲 CIS 導
入前期的關鍵性工作。

　　零售業可通過講座及內部刊物等形式，進行 CIS 意識的灌輸和啓蒙，以便爲 CIS 的導入實施營造出熱烈有利的輿論氣氛，並爲 CIS 的實施奠定堅實的力量支柱。

　　CIS 委員會是零售業導入、實施及推進 CIS 計劃的權威性內外關係協調及聯絡機構，是 CIS 計劃順利完工的組織保證。

　　CIS 委員會由零售業主要負責人兼任委員會主任並由最高決策層直接領導。CIS 委員會一般 10～15 人，由各部門所派代表構成。但大型零售業爲有效推行 CIS，可專設獨立的 CIS 指導中心或專門機構。

2. CIS 現狀調查

表 16　CIS 調查方法

項目	內容	目的
與最高決策層交流溝通	直接訪問零售業主要負責人，詳盡瞭解商店宗旨，發展規劃、價值取向、經營理念等高層決策者的思路	確立 CIS 計劃的整體思路及目標指向
內部員工調查	對員工進行訪談或問卷式調查，詳細瞭解零售業的歷史文化，熟悉零售業現狀及發展脈搏	向員工徵集有關塑造商店形象的點子、思路
社會公眾調查	通過社會公眾調查，直接有效地體驗零售業的綜合形象和實態現狀	考察零售業的知名度及美譽度
市場調查	確定目標市場及其特性，瞭解需求發展變化趨勢	爲 CIS 制訂及有效推行提供外部依據
競爭者情況調查	設定確立競爭對手，比較本零售業與競爭對手的差異，瞭解競爭對手在塑造形象方面的策略以及媒介和公眾對競爭對手的評價	由此揚長避短，在 CIS 計劃中確定相應的對策

　　CIS 導入機構確立後，所要做的第一件事就是進行 CIS 的內外部環境調查，以明瞭商店形象現狀，掌握商店實際狀況與內外部期望的偏差，摸清與競爭對手形象的差別與距離，從而爲 CIS 的導入確定準確的座標。

　　知名度指零售業在社會公眾中的知曉程度及由此產生的知曉效應，美譽度指社會輿論及公眾對零售業的評價或讚譽。

3. CIS 的設計開發

　　這一階段是零售業導入實施整個 CIS 戰略計劃的重點和主體（流程如圖 1 所示）。

圖 1

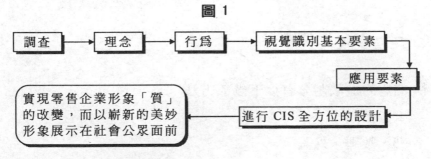

4. CIS 的實施管理

　　CIS 計劃開發完成後，緊接著就是考慮 CIS 成果的發佈演示，即借助各種媒介，如 CIS 指南、員工手冊、視、聽、材料、黑板報、廣播、電視、雜誌、新聞發佈會、信息發佈會等等。對內部員工和對外部公眾發佈 CIS 成果，使內部員工和外部公眾都能認知及感受新的商店形象。

　　CIS 第一次計劃完成後，需要建立一個高效精幹的 CIS 發展管理部門機構，由該機構管理、協調 CIS 推進過程時繁雜的具體事物。同時，由該機構根據所暴露的問題及商店的實際狀

況，修正完善 CIS 設計系統中的不足或失誤之處，並爲第二次 CIS 計劃的推行做好有關準備。

10

商場的陳列規範

一、商店區域劃分

商店的區域劃分有以下幾種方法：

1. 按品類

NB、數碼、外設等。

2. 按功能性質

陳列銷售區（展示台、貨櫃、貨架等）、體驗區、收銀台、休息區、工作間等。

3. 按陳列銷售區位置

銷售黃金區、白銀區等。一般黃金區在主通道的兩側和顧客進入店內視線最容易看到的陳列區，而白銀區則較次之。下面店面圖例，下面部份爲黃金區，左上角爲白銀區。

二、陳列用具使用規範

1. 展示台

展示台主要用於陳列消台 PC、NB 等大件商品，各展示台必須保持整齊劃一，展示台之間縫隙要達到最小化。

2. 陳列架

陳列架是佈置、美化店內牆壁的重要用具。陳列架的高度和寬度同商店的空間和商品的尺寸大小相一致。陳列架一般陳列數碼和外設等小商品。爲了容易被看到，小商品不宜放置在陳列架裏邊，而應放置在前面，讓顧客容易看到。對於敞開式陳列架，要求讓顧客用手可以夠到的商品，必須放在 160 釐米以下；上層放置的高度，要以店員的手夠得到的範圍爲最佳。

3. 陳列小道具

指安裝在陳列臺上的用來吊掛和擺放商品的小陳列用具，一般是需要裸露陳列的商品使用它，用它來補充大的陳列用具的不足；或者爲使平面陳列有高低起伏的變化而使用的道具。小道具的使用，便於顧客產生聯想，從而刺激購買欲。

但是也要注意，不要勉強使用與商品大小不合適的陳列道具；不一定非要使用很貴的材料用具，使用金屬工具、塑膠用具有時一樣美觀大方，不要造成不必要的浪費；避免使用不適應季節變化的形狀和顏色。

4. 陳列櫃

形狀小、價格高的商品，或容易變色、汙損的商品，必須

放在陳列櫃裏,其他商品都可以敞開陳列。選擇陳列櫃陳列時,要研究其高度和擱板的寬度,使之很好地與商品相配合。另外,陳列櫃裏商品太少而顯得過空不好,過多又會像商品倉庫一樣,所以商品陳列櫃顯示有豐盛的氣氛但又不顯擁擠爲最好。

三、店堂燈光及音樂使用規範

1.店堂燈光投射及應用説明

燈光的重要性,良好的燈光可以產生很神奇的效果,燈光是產品展示的有效工具,對銷售週轉週期的長短有著重要的影響。燈光所產生的效果遠遠超出了光線本身,好的燈光效果可以營造出舒適的購物環境,將產品的陳列以很具誘惑力的方式表現出來。

(1)基礎照明

基礎照明開始就被固定在相應的位置,之後無需對它們進行調整,唯一需要注意的是:確保所有的燈具正常運作。

(2)重點照明

天花板上作爲重點照明的射燈需要有效地投射到需要突出的產品上。對於我們來說,每次調整牆面及店鋪內的陳列方式後都需要去調整投射的角度。同時需要注意的是,每當因爲顧客或者因爲清潔移動過店鋪內的道具及商品後,必須將它們歸位到燈光的照射下。

2.音樂使用規範

規範商店音樂,其實包含兩層意思:一個是音樂的播放,

一個是視頻的放映。播放和放映可以通過電腦或者專門的播放設備。視頻放映公司的企業文化宣傳短片、風景片等都可以。

商店的音樂播放一定要選擇能讓人心情舒暢，愉悅歡快的音樂，如注重旋律，結合不同電子音樂元素的輕音樂和民族、古典、爵士之類的名曲。

特別注意的是節日(春節、耶誕節、國慶等)促銷活動的音樂要特別選擇，一般選擇比較歡快、流行的樂曲。

根據國際慣例，在經營場所通過專業技術設備播放的音樂必須要考慮到是否有侵權，以免造成投訴，引起不必要的麻煩。

四、宣傳資料使用規範

商店的宣傳物料有條幅、吊旗、海報、KT板、宣傳單頁、標誌、LOGO等。這些物料是商店的廣告，商品的廣告。所有這些都是爲了營造賣場氣氛，對陳列主題和促銷宣傳的推廣。

宣傳物料的布放空間有上空的吊旗、條幅、燈箱、LOGO，牆上的噴繪，櫃上的海報、KT板、台卡，機上的價格牌，機邊的宣傳單。不同空間的宣傳物料起不同的作用。空中的宣傳物料引導人流，吸引顧客走近各區域；櫃上的海報、KT板、台卡提示顧客駐足觀望商品或活動的主題；機上價格牌起產品功能表達作用；機邊的宣傳單是對顧客的一種強化宣傳。

條幅的內容最好是宣傳主推產品或當期活動，其次爲形象宣傳或服務承諾。條幅的色彩要鮮豔奪目，印刷做工要精細，文字要精練簡明，朗朗上口，尺寸要不大不小(先丈量上報，後

製作發放）。

懸掛要整齊美觀無折皺。吊旗懸掛要整齊劃一，橫向和縱向個數保持一致。海報要少而精緻，隨寫隨換，畫面設計要大膽、主題鮮明，有視覺衝擊力。張貼在最搶眼的位置，如商店門口、門柱、展櫃背板、牆壁等。

宣傳單頁分產品宣傳單和活動宣傳單兩種，產品宣傳單用得好可以縮短與顧客交易的時間，用書面參數彌補口說無憑的不足；活動宣傳單是當期活動的提示和細則。對於有產品宣傳單的商品一定要在其旁邊或下面放置宣傳單，與商品一一對應，且數量不少於 50 張。活動宣傳單應放置在門口顧客易見、易拿處，數量不少於 30 張，數量少時應及時補充，活動結束一定要及時撤下或更換。

KT 板是商店臨時宣傳和告示所用，通常用作臺式放置，例如：在收銀台、電腦展示台、貨櫃最上面一層等。

標誌包括價格牌、價格簽、功能牌、指示卡、台卡、授權證書、榮譽證書等。

價格標誌的使用：在商店裏同類商品的價格標誌都要統一字體，統一格式。電腦商品的價格牌必須整齊劃一，沒有污漬，沒有破損。消台臺式價格標籤一律放置在機箱上方或內側，NB臺式價格標籤一律放置在商品兩側。需要更換新標誌時，價格一定要與零售價一致。

功能牌、指示牌卡、台卡必須與商品一一對應，由於顧客接觸而出現位置移動之後，店面人員一定要及時復位。

授權證書、榮譽證書指該產品授權證明、商店所獲榮譽獎

項等，應突出擺放於體驗區，經常擦拭，保持明亮，使顧客感受到商店的正規和實力。

LOGO 是公司品牌的圖文表達，它是消費者記憶和識別品牌的標誌。所有的商店都要使用統一，保持完整和清潔。

11

商店陳列規範法則

1. 分類陳列

是指先按商品大類劃分陳列區域，如數碼、外設等；然後在每一大類中，再按小類進行二次劃分，如家用消台、商用消台、家用 NB、商用 NB 等。

敞開陳列：商店商品儘量採用自選售貨形式。顧客可以直接從敞開陳列的商品中，選擇所需購買的商品，把陳列與銷售合二為一。商品全部懸掛或擺放在貨架、貨櫃和展示臺上，顧客不需反覆詢問，便可自由挑選。小件貴重商品根據需要可選擇封閉式陳列。

2. 專題陳列

又稱主題陳列，是結合某一特定事件、時間或節日，集中陳列展示應時適銷的連帶性商品；或根據商品的用途在特定環

境時期陳列。例如奧運專題陳列、兒童專題陳列等。這種陳列方式能刺激普通顧客即時購買心理，大多能形成某種商品的購物熱潮。

但這種陳列形式必須突出「專題」或「主題」，且不宜過多、過寬，否則容易引起顧客的反感，認爲商店是在「借機甩賣」，造成顧客的逆反心理。

3. 季節陳列

也可視爲「專題陳列」的特例，是根據氣候、季節變化，做出以季節爲主體的陳列，既可以突出美感，又可以迎合顧客的季節共鳴感受。但是季節性主題陳列與 POP 之間應遵循內容一致、主次分明、搭配合理之原則，避免內容衝突、相互干擾、形式與內容相互衝突的情況出現。

4. 樣機展示陳列

對於電腦商品，不僅要外部陳列顯示出吸引力，更要通過電腦的內在功能展示來突出電腦的特性和賣點。因此，所有樣機必須保持開機，並按照一定的展示方案進行展示陳列。

如各機型根據當期的牆紙屏保展示方案進行展示，根據季節或專題陳列展示牆紙屏保，根據各機型特點進行遊戲、影視、宣傳畫面、財經信息等方面的展示。由於樣機展示對電腦產生較大損耗，所以商店應當著重對樣機進行保護，同時保持樣機的及時更換和出售。

5. 佈置物陳列

佈置物陳列顯示的是一種個性化陳列。店面陳列過程中，運用一些精美的道具或裝飾物，可以有效地提升品牌形象，吸

引消費者的關注，突出產品尊崇感及品牌的親和力，從而有力
地推動銷售業績的提升。比如根據季節、專題等陳列要求，擺
放小飾品、玩具、模特兒假人、塑膠花草等物品，顯示出一種
家庭或辦公的氣氛，使顧客產生共鳴並被深深吸引。根據商品
的特性將海報、台卡、彩頁等佈置物擺放於商品旁邊，使顧客
能夠一目了然地瞭解到商品的亮點。

心得欄

12

商店陳列形態診斷

定型陳列：所陳列的商品要與貨架前方的「面」保持一致；

商品的「正面」要全部面向通路一側（讓顧客可以看到）；
避免使顧客看到貨架隔板及貨架後面的擋板；

陳列的高度，通常使所陳列的商品與上段貨架隔板保持至少 5 釐米的距離；貨架陳列數碼、外設商品間的間距一般為 3～5 釐米，NB 商品間距一般為 5～10 釐米：

在進行陳列的時候，要核查所陳列的商品是否正確。

突出陳列：超過通常的陳列線，面向通道突出陳列的方法。

運用於此種陳列方法的商品：新產品、推銷過程中的商品等希望特別引起顧客注意、提高其回轉率的商品。

陳列效果：提高商品的露出度，增加商品出現在顧客視野中的頻率；突出商品的豐富感，並使店鋪給顧客一種非常熱鬧的感覺。

階梯式陳列：將箱裝商品、盒裝商品堆積成階梯狀（3 層以上）的陳列方法。適用於此種陳列方法的商品：箱裝、盒裝堆積起來也不會變形的商品。

陳列效果：

易產生感染力；

易使顧客產生一種既廉價又具有高級感的印象；

在陳列上節省時間；

不僅可用在貨架端頭，還可用在貨架內部。

掛式陳列：將小商品用掛鈎吊掛起來的陳列方法。

適用於此種陳列方法的商品：

中小型輕量商品；

常規貨架上很難實施立體陳列的商品：多尺寸、多顏色、多形狀的商品。

牆面陳列：用牆壁及牆壁狀陳列台進行陳列的方法。

適用於此種陳列方法的商品：

可吊掛陳列的電腦包等商品；

中小型商品。

陳列效果：

可有效地突出商品；提高商品的露出度。

樣品陳列：讓顧客觀看、觸摸的陳列方法。

適用於此種陳列方法的商品：

電腦、鍵盤、滑鼠、移動硬碟、U 盤等商品；

顏色、形狀、容量易理解的商品；

通過陳列，商品的價格、功能易傳揚的商品。

陳列效果：

顧客容易接近，有效傳遞商品真實信息；

有效地突出商品；

色彩、形狀、功能可直接通過視覺傳達給顧客。

排列技術

垂直排列：將易見性商品放在第一位的常規直排列技法。垂直排列使顧客能以靜止的狀態選擇商品，但也有寬度狹小就缺乏豐富感、容易分心等缺點。因此，採用垂直排列時，要慎重選擇同一種商品的陳列寬度，寬度也要保持在 50 釐米以上。

水平排列：適用於多種商品陳列的水平型技法。水平排列容易發揮誘導顧客入店的魅力，但此時黃金帶(80 釐米到 120 釐米高度)以外的商品會降低銷售率。

組合式排列：上層爲垂直型、下層爲水平型的追求量販型。

斜式排列：水平傾斜排列的方式。

三角排列：排列成三角形，突出廉價感的排列技法。

收銀台前端頭排列：設置通過率 100%的黃金賣角。

點式排列：通過特賣品的點式配置提高賣場的廻遊率。

新奇排列：通過令人驚奇的排列突出商品，招攬顧客的技法。

商店陳列檢查規定：

員工應認真學習陳列手冊內容，檢查自身的掌握情況；

店員每日認真按照陳列手冊要求規範對商店各種商品進行陳列；

店員應學習陳列色彩知識，以便於提高陳列技巧；

店員按照要求進行陳列，店長每日對陳列進行檢查；

店長在商店開時段(一般爲中午時間)組織店員進行商品陳列、佈置的指導和演練；

店員平時在不影響工作的前提下，可以互相溝通陳列技能的學習情況和心得；

店長每週對店員陳列技能的學習情況進行檢查，填寫表17，作為店長考核店員的依據；

表 17　商店陳列技能學習檢查表

	檢查內容	被檢查人	檢查時間	掌握情況	備註
1	商店區域劃分				
2	商店陳列八大原則				
3	商店陳列方法規範				
4	商店陳列形態規範				
5	商店生動化陳列規範				
6	商店宣傳物料使用規範				
7	商店燈光及音樂使用規範				
8	商店陳列色彩知識				

表 18　商店陳列要求表

	陳列要求	備註
1	按照 NB、數碼、外設、小商品等不同品類集中擺放商品	
2	電腦商品每個系列至少有一台樣機開機	
3	電腦商品開機樣機根據當期的牆紙屏保展示方案	
4	商店重點商品應放置在有效陳列範圍的黃金帶內	
5	電腦商品應適當地和其他小商品進行搭配組合，實現關聯銷售	
6	商品應正面面向通路一側，使顧客容易看見	
7	陳列器具、裝飾品和 POP 不要影響顧客觀察視線和燈光照明	

續表

8	保持陳列器具和陳列商品的乾淨整齊	
9	商店商品儘量敞開陳列，小件貴重商品需封閉陳列	
10	商店應選擇合適的商品進行主題陳列和季節陳列	
11	充分利用公司統一發放的小飾品等佈置物對電腦商品和其他商品進行搭配佈置，增加商品的吸引力	
12	商品陳列應當保持適當間距，防止過於擁擠和空曠	
13	商品陳列應每月進行適當的調整，保持新鮮感和時令性	
14	宣傳資料應當擺放有序	
15	懸掛要整齊美觀，無折皺	
16	主入口或主通道應有條幅或海報，懸掛位置醒目，主畫面無遮擋	
17	彩頁擺放充足，每類產品宣傳單不少於 50 張，每類活動宣傳單不少於 30 張	
18	產品宣傳單與產品相對應	
19	價格標誌統一，沒有污漬，沒有破損	
20	價格標誌擺放整齊，移動之後，及時復位	
21	其他標誌整齊、乾淨	
22	店內燈光工作正常	
23	保證重點商品照明	
24	店內無異常雜訊	
25	音樂播放健康，不影響顧客正常交流	

　　店面管理部和督導人員對商店的陳列規範進行不定期檢查，對於違反規定，沒有按照規範進行陳列的商店進行扣分處罰，具體扣分標準參見督導體系的督導檢查標準。

表 19　商店陳列工作流程細化

流程起點	流程目的		流程終點
商店陳列區域劃分	規範商店陳列工作		陳列維護
執行者	輸入	輸出	對象
商店	陳列原則；陳列規範；陳列佈置物	陳列檢查結果	商店商品、環境
樓面	關鍵流程步驟	關鍵流程描述	
A2	商店陳列區域劃分	商店店長根據商店區域劃分，安排每個店員負責的區域和商品充分利用黃金和白銀銷售區的劃分和特點區分不同商品區域的陳列劃分	
B2	明確陳列原則和陳列規範	明確該企業商店陳列的八個原則和陳列形態規範和陳列方式規範，明確陳列用具的使用規範	
A3	指導店員佈置負責區域	店長每日指導店員佈置所負責區域的商品和環境	
84	檢查店堂燈光及音樂	根據燈光和音樂規範要求，確認商店燈光正常有利陳列，播放音樂，烘托氣氛	
B5	宣傳物料佈置	正確使用海報、宣傳單、價簽等各種宣傳物料	
B6	商品陳列	根據陳列手冊要求對商品進行陳列電腦展示應當按照該 IT 企業當期展示方案進行展示，充分利用公司發放的小飾品等佈置物進行陳列，商店購買小額的裝飾品對陳列進行美化佈置	
B7	陳列保持	商店每日都應當保持良好的陳列狀態，對於挪動的陳列應當及時復位同時對陳列進行不斷創新	

13

商場陳列色彩診斷

1.色彩基本知識

自然界中的顏色可分爲無彩色和彩色兩大類。無彩色指黑色、白色和各種深淺不一的灰色,而其他所有顏色均屬於彩色。

2.色彩三原色:紅、黃、藍

圖2

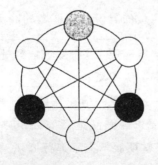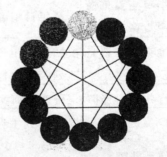

3.色彩三屬性

色相:也叫色澤,是顏色的基本特徵,反映顏色的基本面貌。

飽和度:也叫純度,指顏色的純潔程度。

明度:也叫亮度,體現顏色的深淺。

4. 色相環

色相環：無色彩是「白、灰、黑」三色，僅以明度爲基本，但有色彩是以色相（色調）爲基本。而且，色相有所謂的「色相環」，從某一顏色開始排列類似色一週而回到本色，具有循環性質。

類色：察看色相環紅與橙、綠與青綠，像這樣最接近的色相（隔壁位置的顏色）叫做「類色」。

類似色：察看色環，像紅與黃、藍與紫一樣，類色旁邊（跳過一格）的色相稱爲「類似色」。

異色：察看色相環，像紅和黃綠、紅和紫藍一樣，類似色的旁邊（跳過兩格）的顏色叫「異色」。

圖 3

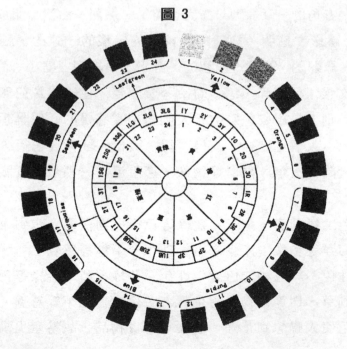

補色：察看色相環，紅和青綠、藍與橙，位於相對地位置上，相離最遠的顏色稱為「補色」。

準補色：如紅與綠、藍與黃一樣、補色前面的顏色稱為「準補色」。

5. 色彩的冷暖感覺

色彩的冷暖感覺，不僅表現在固定的色相上，而且在比較中還會顯示其相對的傾向性。如同樣表現天空的霞光，用玫紅畫早霞那種清新而偏冷的色彩，感覺很恰當，而描繪晚霞則需要暖感強的大紅了。但如與橙色對比，前面兩色又都加強了寒感傾向。人們往往用不同的詞語表述色彩的冷暖感覺，暖色——陽光、不透明、刺激的、稠密、深的、近的、強性的、乾的、感情的、方角的、直線型、擴大、穩定、熱烈、活潑、開放等，冷色——陰影、透明、鎮靜的、稀薄的、淡的、遠的、輕的、女性的、微弱的、濕的、理智的、圓滑、曲線型、縮小、流動、冷靜、文雅、保守等。色彩的冷、暖感覺，色彩本身並無冷暖的溫度差別，是視覺色彩引起人們對冷暖感覺的心理聯想。

暖色：人們見到紅、紅橙、橙、黃橙、紅紫等色後，馬上聯想到太陽、火焰、熱血等物像，產生溫暖、熱烈、危險等感覺。

冷色：見到藍、藍紫、藍綠等色後，則很易聯想到太空、冰雪、海洋等物像，產生寒冷、理智、平靜等感覺。

中性色：綠色和紫色是中性色。黃綠、藍、藍綠等色，使人聯想到草、樹等植物，產生青春、生命、和平等感覺。紫、藍紫等色使人聯想到花卉、水晶等稀貴物品，故易產生高貴、

神秘等感覺。至於黃色，一般被認為是暖色，因為它使人聯想起陽光、光明等，但也有人視它為中性色，當然，同屬黃色相，檸檬黃顯然偏冷，而中黃則感覺偏暖。

圖 4

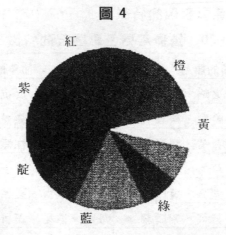

6.色彩的輕、重感

這主要與色彩的明度有關。明度高的色彩使人聯想到藍天、白雲、彩霞及許多花卉還有棉花、羊毛等，產生輕柔、飄浮、上升、敏捷、靈活等感覺；明度低的色彩易使人聯想到鋼鐵、大理石等物品，產生沉重、穩定、降落等感覺。

7.色彩的華麗、質樸感

色彩的三要素對華麗及質樸感都有影響，其中純度關係最大。明度高、純度高的色彩，豐富、強對比色彩感覺華麗、輝煌。明度低、純度低的色彩，單純、弱對比的色彩感覺質樸、古雅。但無論何種色彩，如果帶上光澤，都能獲得華麗的效果。

8.色彩的興奮與沉靜感

其影響最明顯的是色相，紅、橙、黃等鮮豔而明亮的色彩

給人以興奮感，藍、藍綠、藍紫等色使人感到沉著、平靜。綠和紫爲中性色，沒有這種感覺。純度的關係也很大，高純度色興奮感，低純度色沉靜感。

9. 幾種常見色彩表現的特徵

表 20　幾種常見色彩表現的特徵

色相	具體的聯想	抽象的聯想
紅	血液、夕陽、火焰、心臟	熱情、危險、反抗、喜慶、爆發
橙	橘子、柳橙、晚霞、秋葉	快樂、溫情、熾熱、明朗、積極
黃	香蕉、黃金、黃菊、注意信號	明快、光明、注意、不安、野心
綠	樹葉、公園、草木、安全信號	和平、理想、希望、成長、安全
藍	海洋、藍天、湖海、遠山	沉靜、涼爽、憂鬱、理性、自由
紫	葡萄、茄子、紫菜、紫羅蘭	高貴、神秘、優雅、嫉妒、病態
白	白雪、白雲、白紙、護士	純潔、樸素、虔誠、神聖、虛無
黑	夜晚、頭髮、木炭、墨	死亡、恐怖、邪惡、嚴肅、孤獨

10. 無色彩具有的特性

無色彩具有的特性，如表 21 所示。

11. 陳列背景色彩

不要太醒目，背景的色彩若比主角商品醒目，商品就會變得不起眼。因此，背景色彩必須比商品色明度（明亮度）、彩度（鮮豔度）都低才行。

不使用補色，如果背景的顏色與商品的色彩成補色時，雙方色彩各有主張而成爲強烈的刺激，因此不要使用補色。

選擇商品同系統的色調爲明確地顯示商品的色彩，使用與

商品同系統，且明度較低的色彩較易配合。

一般使用寒色，在商品色彩多樣的情形下，一般選擇低明度、彩度的寒色爲背景，乳白、象牙白、灰色等，較容易使用。

表 21　無色彩具有的特性

色彩	特性
白	將光完全反射，爲眩目，整體全白色不太理想 雪白的感覺，具有寒冷寂寞的性質，基本上是不具魅力的色彩 照射細膩的青光，會使白色看起來更美麗
灰	因爲是完全的中性色，不會影響變化相近的顏色 深灰色、暗灰色不會突出任何顏色，不適合背景色 低明度的灰色特性與白色相近，高明度的灰色特性與黑色相似
黑	黑色會吸收光線，比其他顏色更需要光線 對人的吸引力較弱 會使旁邊的商品照得更光輝

12.陳列與配色

明度(明亮度)順序與色相(色調)順序的配色。某商品若只有白、灰、黑等無色彩時，可依照白色、淡灰色、清灰色、黑色等，按明度順序排列較好。此外，若是有色彩、各種色相(色調)的商品時，則從紅色開始，依色相環的順序來陳列，看起來較具美感與亮麗感。

同色配色：並非依照色相環的順序陳列，而僅以藍色爲中心，收集同色的配色情形。這種方法會對喜歡該色的顧客產生相當大的魅力，陳列效果也大。但是，如果僅用相同的顏色則顯得太單調，因此，選擇其中一兩項商品的對照色來陳列，就

可帶來變化的效果。

類色的配色：色相環上相近的配色，因太相似的色彩組合而缺乏效果，尤其，低明度的商品組合與低彩度的商品組合，會給人庸俗的感覺。反之，高明度的組合會讓人感到輕浮而模糊，這點要特別注意。

類似色的配色：類色旁邊的顏色（跳過類色的顏色）是類似色，如紅與黃、青與紫等類似色的組合，是非常具有平均的配色效果。

異色的配色：例如「青和紫紅」、「紅和黃綠」等，在色相環上跳兩格的色彩組合稱為「異色」。這種配色是讓人感到自然，容易接受的色彩組合。尤其「紅、黃綠、藍」或「橙、綠、紫藍」等三色的組合，還有「黃、青綠、紫」、「黃綠、青、紫紅」的三色異色配色法，給予人鮮明的印象。

補色的配色：補色是色相環上相對位置上的色彩，因此色差大，互相強調各自的色彩主張。其中，「紅和青綠」的補色讓人感受熱帶的熱情，「橙與藍色」的補色給予人男性化的感受。還有「黃與紫藍」的補色是給人明朗感覺的配色法。

準補色的配色：「紅與綠」、「藍與黃」等，補色前面的「準備色」，其配色成為非常華麗的組合。

無色彩和有色彩的配色：無色彩與有色彩的組合情形最好是以「明度」為中心來進行配色。因此，明度（明亮度）差距愈大，愈能有強烈的感受，能強調有色彩具有的感覺。明度相近，純粹色彩的組合，能強調摩登的感受。

象徵季節的色彩：表現四季各種不同的感覺，讓顧客進入

聯想季節效果，如表 22 所示。

表 22　季節色彩聯想及效果

	顏色	聯想	色彩的效果
春	黃綠 粉紅 淡黃	嫩葉、嫩草 桃花、櫻花	晦暗的多天過了，春季來臨，融合柔和明媚的感覺來表現較好，此外，最好用明亮、柔和的顏色
夏	藍 水藍 綠	海洋、天空 天空、水 葉、草原	對比強烈的配色比較符合季節，因此，調和明度、彩度皆高的色彩，另也可以寒色系為主
秋	黃 米黃 茶	月 枯草 土地	空氣澄靜、果實成熟的季節，穩重，豐富感的色彩較好，紫、紫紅、鮮綠也不錯
冬	紅 白 灰	耶誕節 雪 雲、雪空	因為是寒冷的季節，所以使用暖色較好，一般來說大多使用彩度低的顏色，為強調重點則使用純色較具效果

心得欄

14

電器商店的選址診斷

1.目的

新商店的選擇過程是一項十分複雜的工作，關係到日後經營工作的品質，爲使工作有章可循，達到規範化標準，特制定本規定。

2.範圍

本規定適用於○○電器開發部和連鎖發展部。

3.職責

(1)公司總裁/副總裁負責新商店及庫房選址最終審批。

(2)連鎖發展中心電器開發部負責新商店及庫房選址的督導、審核。

(3)分部連鎖發展部負責新商店及庫房選址工作。

4.作業內容

(1)選址的三大要素

在前期的市調和論證已相當充分，並已明確制定某一商圈或二級市場的開店計劃後，將進入實質性的選址階段，選址工作必須把握三大核心要素：

①位置

無論是分部所在城市還是二級市場的開發,賣場選址中位置是首先考慮的要素,商圈、客流、家電銷售氣氛、交通便利、突出的形象是決定經營成敗的關鍵。

②店面形象與賣場結構

備選項目店一定要有突出的外觀形象、豐富的廣告位資源,門口有停車位及促銷空間;賣場的結構要適合經營家電,無過多立柱、無死角,能夠按公司標準進行商品佈局,爲消費者創造一個良好的購物環境。

③租金

房租是經營中最沉重的負擔,由於家電零售業已進入微利經營的時代,所以租金一定要合理,原則上要求將租金控制在預期營業額的 1%以內。

各分部在選址時一定要本著位置→結構→租金順序考慮的原則,首先要明確在那個區域(某條街、某個路段)開店,其次是在該區域內選擇適合做大賣場的商城,第三是將符合要求的商城以最低的租金談下來。

⑵**選擇新商店的基本要求**

①地理位置:(特殊情況須詳細說明)

一級市場應進入次商圈或核心商圈,力求在較低租金成本下,又能利用商圈人氣,吸引客流。鼓勵與國際知名連鎖企業的商店爲鄰,共同分享客流資源。

店址前應有一條主街道,最好是進出商圈的必經之路或主要通道,利於突出形象,吸納客流。

店址方圓 200 米內，至少應有 8 條公交線路通過並有站點設置。

店址正面道路應是雙向街道，原則上不選單行道、步行街或嚴管街，以保證交通暢通。

②店面條件：

面積：

- 一級市場：3000～4000 平方米(不含辦公區、庫房等臨界營業面積)。
- 二級市場可依據情況增大或縮小營業面積(可能只開一家中心店)，必須做到深入核心商圈、設施全、條件優、形象好，有發展空間。

樓層(優先次序)：(如有特殊情況須詳細說明)

- 主一層帶二層。
- 主一層(視房租成本)。
- 主一層帶地下一層。
- 主一層帶二層和地下一層。
- 主一層帶二層和三層。

結構：

- 以適合於商場經營的框架結構為首選。
- 以可獨立經營的建築為首選，如是「店中店」須有突出的外立面形象，獨立進出的商場大門，可進行封閉的經營和管理，商場內無同業對手，最好經營項目有互補性。

層高：

賣場內淨空高度原則上不少於 2.8 米(吊頂後)。

通道：

至少有 2 部步梯通往不同樓層，每部寬度不應低於 2 米，其中至少有 1 部步梯位於賣場內。如有電動扶梯更佳。

庫房：

應有配套庫房 350 平方米左右(二級市場獨立開店的配套庫房應適當增大)，確保存貨安全，提貨便捷。

設施：

• 應有符合消防標準的消防設備及附屬設備。

• 應有符合標準的煙感報警系統。

• 符合標準的照明系統。

• 常規供水系統。

• 獨立使用並可向顧客開放的洗手間。

• 足夠的電話線路。

• 車位：商場前應具備 20 個以上停車位。

免費提供門前充足的促銷活動場地(200 平方米或以上)。

商場外部形象：

• 商場正面寬度應不少於 30 米。

• 商場正面應免費提供不少於 200 平方米的廣告位置，用於設立「門頭」、做形象宣傳或向廠家出租。

• 商場正面應可獨立裝修，突出國美統一的VI形象。

供電能力：

出租方應提供每平方米不低於 0.07 千伏安的供電保障(不包括設備用電)，用於樣機演示和商場照明。

租賃資質：

• 出租方必須具備房屋產權、出具產權證明,產權無抵押。
• 出租方必須具備房屋出租權,出具房屋出租許可證,並承擔納稅責任。
• 出租方必須是獨立法人單位,具備獨立對外簽署租賃合約的資格或有上級授權。
• 出租方必須具備獨立進行物業管理和房產維修能力。
• 出租方必須允許承租方對承租場地進行獨立裝修,封閉管理,自主經營。

③合作方式:

一、二級城市均以租賃為主。

出租方應具備的條件:

• 出租方應對承租方的經營給予支援和配合,出具必要的證明、手續。
• 出租方不得將同址其他場地租賃給予承租方經營範圍相同的商業經營。
• 出租方應有能力幫助承租方處理與當地主管機關的公共關係。
• 出租方應提供符合要求的房屋租賃發票。
• 出租方的房屋租金不能有租金年遞增要求(根據談判條件制定)。

④店間距離:

• 一級市場要甄別中心商業區和區域性商圈,分部要有明確的布點戰略,原則上商店的間距應不少於 4 公里。
• 一級市場只能在中心商業區開店,一般數量 12 家,具有

兩個以上主要商業圈的城市才能開兩家店,主要商圈之間要有足夠的距離。

⑤單店輻射範圍:

· 單店輻射的有效消費群體應達到 70 萬人以上(視當地的人均消費水準)。

· 店與店之間,對消費群體的有效輻射應避免重覆。

⑶選擇新庫房的基本要求

①地理位置:

· 位於市區邊緣地帶。

· 距離市中心不超過 15 公里車程。

· 有交通幹線通往市區,中途無收費站,無擁擠堵塞,保證晝夜暢通。

②合作方式:以租賃形式為主。

· 租用現有庫房。

· 定制,我方提出規格條件,由對方建造,我方承租。建造的規格條件由物流部門提出。

· 以定制的方式承租時,必須先行租賃週轉庫房。

③庫房條件:

· 出租方必須具有房屋產權,只擁有出租權的,必須具有產權人的授權確認書。

· 必須是平層。

· 房屋狀況良好,符合有關庫房安全的標準,並通過驗收。

· 面積以單店 2500～3000 平方米進行累計,同等條件下,有面積擴大空間的優先考慮。

· 有獨立封閉管理的條件。

· 具有 24 小時車輛出入的條件。

· 提供必備的辦公場所和生活場所。

· 庫區內有環行車行道。

· 必須具有裝卸平臺。

· 有 5 部以上直線電話。

· 有電腦上網的線路或條件。

5.附件

(1)新庫房的基本情況表

(2)××分部所轄區域(城市人口)70 萬以上城市可選賣場分佈及變動情況表(調查表)

①(城市狀況)調查表

②(商圈狀況)調查表

③(賣場結構及設施)調查表

④(交通及輻射狀況)調查表

(3)分部賣場選址情況分析表

(4)××分部所轄區域(城市人口)70 萬以上城市可選賣場分佈及變動情況表。

表 23　新庫房的基本情況表

項目	內容
庫房名稱	
地理位置	
庫房類型	
交通狀況	
庫房產權	
庫房條件	
面積(平方米)	
租金[元/(平方米‧月)]	
結構	
消防設施	
照明系統	
管理方式	
車輛出入條件	
提供辦公場所	
提供生活場所	
通道情況	
供水情況	
供電情況	
租賃資質	
可租賃年限	
其他情況	

填報人：　　　　　　　　　　　　　日期：　　年　　月　　日

表 24 所轄區域城市可選賣場分佈表
(城市狀況)調查表

分部名稱：　　　　城市名稱：　　　　市場類別：

註：在（　）內打「√」選擇

人均 GDP	（　）10000 元以上 （　）9500～10000 元 （　）8500～9500 元 （　）8500 元以下	城鎮居民 人均可支 配收入	（　）6500 元以上 （　）5500～6500 元 （　）5000～5500 元 （　）5000 元以下
城鎮與農業 人口比例	（　）40%以上 （　）35%～40% （　）25%～35% （　）20%～25% （　）20%以下	城市 總人口	（　）100 萬以上 （　）80 萬～100 萬 （　）60 萬～80 萬 （　）40 萬～60 萬 （　）40 萬以下
城市發展 定位及方向	（　）區域經濟、金融、商貿、旅遊、文化、服務、交通樞紐、物流中心 （　）地區性經濟、商貿、文化、服務、交通樞紐或大型礦產開發和專業化工業產品製造、物流中心 （　）地區性商貿、服務、交通樞紐或大中型工業產品製造、加工、物流中心 （　）不是地區經濟商貿中心或缺乏支柱產業的城市	基礎設施	（　）房產開發、供電、供水、供暖、電訊、郵電通信、文化、教育、市政、保險、酒店等城市基礎設施配套發達 （　）房產開發、供電、供水、供暖、電訊、郵電通信、文化、教育、市政、保險、酒店等城市基礎設施齊全但品質不高 （　）房產開發、供電、供水、供暖、電訊、郵電通信、文化、教育、市政、保險、酒店等城市基礎設施不齊全 （　）城市基礎設施配套不全，品質差
商品零售價	（　）高於全國平均價格 10%以上 （　）高於全國平均價格 1%～10% （　）等於全國平均價格	家電銷售 行業競爭 情況	（　）價格競爭活動不多或不強，商場位置較好，裝修檔次一般，與家電廠家的關係一般，經營面積 6000 平方米以上，年銷售額 2.5 億元以上

續表

商品零售價	( )低於全國平均價格 1%～5% ( )低於全國平均價格 5%以下	家電銷售行業競爭情況	( )有一定的價格競爭活動，商場位置好，裝修檔次較高，與家電廠家的關係不錯，經營面積 5000 平方米左右，年銷售額 2 億元以上
政府開放程度	( )沒有地方保護主義，辦事程序簡單，效率高，廉潔勤政 ( )有一定程度的地方保護主義，辦事程序比較複雜，效率較高 ( )地方保護主義嚴重，辦事程序複雜，效率低		( )價格競爭活動較多，商場位置非常好，裝修檔次一般，與家電廠家的關係好，經營面積 5000 平方米左右，年銷售額 1.5 億元左右 ( )價格競爭活動頻繁，商場位置非常好，裝修檔次高，與家電廠家的關係非常好，經營面積 4000 平方米左右，年銷售額 1 億元左右
全市主要商業企業年銷售額	( )百貨業銷售額 5 億元以上，家電業銷售額 3 億元以上 ( )百貨業銷售額 4 億～5 億元，家電業銷售額 2.5 億～3 億元 ( )百貨業銷售額 3 億～4 億元，家電業銷售額 2 億～2.5 億元 ( )百貨業銷售額 3 億元以下，家電業銷售額 2 億元以下	人力資源	( )當地連鎖零售商業、家電生產銷售企業人才多 ( )當地零售商業企業人才或家電銷售公司人才較多 ( )當地商業企業人才較多 ( )當地零售商業企業人才或家電銷售公司人才少
交通狀況	( )機場、高速公路、鐵路、航運全通，公路、鐵路、航運在該城市輻射區域內網線密度大，佈局合理 ( )高速公路、鐵路通達，公路、鐵路在該城市輻射區域內網線密度大，佈局合理	商業業態權重 7%	( )有傳統大型百貨商場、綜合連鎖超市、大賣場、個體家電市場等各類業態，並分散經營家電產品 ( )有區域性家電連鎖商場、大中型百貨商場等業態，並分散經營家電產品

續表

交通狀況	( )一級公路、鐵路通達,省級公路在該城市輻射區域內網線密度一般,佈局合理 ( )一級公路通達,省級公路在該城市輻射區域內網線佈局不合理	商業業態 權重 7%	( )有全國性家電連鎖商場、大型現代百貨商場等業態,重點經營家電產品 ( )沒有大型百貨商場、綜合連鎖超市、大賣場、家電連鎖商場等業態,商業氣氛不足
購買力	年人均可支配收入 6500 元以下的城市選擇標準: ( )年家電消費佔人均可支配收入的 20%以上 ( )年家電消費佔人均可支配收入的 15%～20% ( )年家電消費佔人均可支配收入的 10%～15% ( )年家電消費佔人均可支配收入的 6%～10% ( )年家電消費佔人均可支配收入的 6%以下	供應商情況	( )大多以廠家直銷爲主 ( )大多以個體經銷商爲主 ( )大多以區域總代理銷售爲主
		媒體情況	( )本地媒體的收視率、閱讀率、收聽率 60%以上,集中影響面廣 ( )本地媒體的收視率、閱讀率、收聽率 40%以上,影響面較廣 ( )本地媒體的品質不高,收視率、閱讀率、收聽率底
	年人均可支配收入 6500 元以上的城市選擇標準: ( )年家電消費佔人均可支配收入的 15%以上 ( )年家電消費佔人均可支配收入的 10%～15% ( )年家電消費佔人均可支配收入的 6%～10% ( )年家電消費佔人均可支配收入的 6%以下	對外交流與信息	( )常年有各類大型行業展覽會,有本地特色的產品博覽會或交易會,獨特的城市文化節日等 ( )有本地特色的產品博覽會或交易會,獨特的城市文化節日等 ( )沒有本地特色的產品博覽會或交易會,沒有獨特的城市文化節日等

表 25　所轄區域城市可選賣場分佈表
（商圈狀況）調查表

城市名稱：　　　市場類別：　　　賣場名稱：　　　商圈名稱：

註：在（ ）內打「√」選擇

商圈類別	（ ）複合商圈　　（ ）專業商圈 （ ）自創商圈		商圈級別	（ ）核心商圈　　（ ）次商圈 （ ）衛星商圈　　（ ）零商圈
商圈內各類商場的營業面積	類型： 百貨商場 名稱： _____	（ ）15000 平方米以上 （ ）10000～15000 平方米 （ ）6000～10000 平方米 （ ）6000 平方米以下	類型： 大賣場 名稱： _____	（ ）15000 平方米以上 （ ）10000～15000 平方米 （ ）6000～10000 平方米 （ ）6000 平方米以下
	類型： 綜合超市 名稱： _____	（ ）6000 平方米以上 （ ）4000～6000 平方米 （ ）2500～4000 平方米 （ ）2500 平方米以下	類型： 家電商場 或個體家 電市場 名稱：	（ ）4000 平方米以上 （ ）3000～4000 平方米 （ ）2000～3000 平方米 （ ）2000 平方米以下
	類型： 餐飲 數量： 單店或商 圈內全部 店總和 名稱： _____	（ ）最大店 1500 平方米以上，或總和 3000 平方米以上 （ ）最大店 800～1500 平方米，或總和 1800～3000 平方米 （ ）最大店 300～800 平方米，或總和 800～1800 平方米； （ ）最大店 300 平方米以下，或總和 800 平方米以下	類型： 文化娛樂 數量： 單店或商 圈內各類 娛樂店的 總和 名稱：	（ ）最大店 1000 平方米以上，或總和 13000 平方米以上 （ ）最大店 600～1000 平方米，或總和 12000～3000 平方米 （ ）最大店 300～600 平方米，或總和 800～2000 平方米 （ ）最大店 300 平方米以下，或總和 800 平方米以下

續表

商圈各類商場的年銷售額	類型： 百貨商場 數量： 單店 名稱： ────	( )最大店 3.5 億元以上，或多店總和 5 億元以上 ( )最大店 2.5 億～3.5 億元，或多店總和 3.5 億～5 億元 ( )最大店 2 億～2.5 億元，或多店總和 2.5 億～3.5 億元 ( )最大店 2 億元以下，或多店總和 2.5 億元以下	類型： 大賣場 數量： 單店 名稱：	( )單店 4 億元以上 ( )單店 3 億～4 億元 ( )單店 2 億～3 億元 ( )單店 2 億元以下
	類型： 綜合超市 數量： 單店 名稱： ────	( )最大店 2 億元以上，或多店總和 4 億元以上 ( )最大店 1.5 億～2 億元，或多店總和 3 億～4 億元 ( )最大店 1 億～1.5 億元，或多店總和 2 億～3 億元 ( )最大店 1 億元以下，或多店總和 2 億元以下	類型： 家電商場或個體家電市場 數量： 單店 名稱： ────	( )最大店 2.5 億元以上，或多店總和 3.5 億元以上 ( )最大店 1.5 億～2.5 億元，或多店總和 2.5 億～3.5 億元 ( )最大店 1 億～1.5 億元，或多店總和 2 億～2.5 億元 ( )最大店 1 億元以下，或多店總和 2 億元以下
	類型： 餐飲 數量： 單店或商圈內全部店總和 名稱： ────	( )最大店 1500 萬元以上，或多店總和 3000 萬元以上 ( )最大店 800 萬～1500 萬元，或多店總和 1500 萬～3000 萬元 ( )最大店 200 萬～800 萬元，或多店總和 800 萬～1500 萬元 ( )最大店 200 萬元以下，或多店總和 800 萬元以下	類型： 文化娛樂 數量： 單店或商圈內各類娛樂店的總和 名稱： ────	( )最大店 800 萬元以上，或多店總和 1500 萬元以上 ( )最大店 400 萬～800 萬元，或多店總和 800 萬～1500 萬元 ( )最大店 200 萬～400 萬元，或多店總和 300 萬～800 萬元 ( )最大店 200 萬元以下，或多店總和 300 萬元以下

續表

	商圈定位	( )中高檔商圈 ( )高檔商圈 ( )中檔商圈 ( )低檔商圈	購物形態	( )一站式購物 ( )休閒娛樂式購物 ( )隨機性便利式購物	
	商圈購物群體狀況	( )本地購物人群佔 85%以上 ( )本地購物人群佔 65%～85% ( )本地購物人群佔 50%～65% ( )本地購物人群佔 50%以下	本賣場在該商圈中離最大人氣最旺的商場距離	( )與最大人氣最旺的商場連體或上下層近貼經營 ( )與最大人氣最旺的商場 50 米內，或對面經營 ( )與最大人氣最旺的商場 100 米內，對街或拐角經營 ( )與最大人氣最旺的商場 100 米以外，不在同一條街道經營	

製表人：　　　　　　　　　　審核：

註：1.「複合商圈」：指該商圈同時經營日用百貨、服裝鞋帽、餐飲服務、家用電器等各類產品

2.「專業商圈」：指該商圈主要經營日用百貨、服裝鞋帽、餐飲服務、家用電器等其中某一大類產品

3.「自創商圈」：指原本無商圈，根據調查分析及根據城市發展規劃，認為可自己開發的商圈或與其他行業聯合進入一個新的城市規劃區來重新創造新商圈。

4.「零商圈」：指該賣場不在任何商圈的範疇內。

表 26　所轄區域城市可選賣場分佈表

（賣場結構及設施）調查表

城市名稱：　　　市場類別：　　　賣場類別：　　　賣場名稱：

註：在（　）內打「√」

賣場全部樓層	（　）2 層 （　）1 層 （　）3 層 （　）4 層	賣場樓層組合	（　）主一層帶二層 （　）主一層，主一層帶地下一層 （　）主一層帶二層和地下一層，主一層帶二層和三層 （　）主一層帶二層和地下一層、二層，主一層帶二層、三層和四層
賣場樓層結構	（　）框架結構，通透性強，中間只有立柱，沒有拐角、死角 （　）框架結構與板塊房屋型結構相結合，大約 20%的面積有隔牆或死角 （　）板塊房屋型結構，50%以上的面積有隔牆或死角	賣場外牆位置	（　）賣場處十字路口，兩面外牆臨主街道 7 咪以上 （　）賣場單面外牆臨主街道 50～70 米 （　）賣場單面外牆臨主街道 30～50 米 （　）賣場單面外牆臨主街道 15～30 米以下
賣場通道	（　）兩部以上寬度 1 米電動扶梯，兩個以上 2 米寬的步行樓梯，一部以上電動貨梯，兩個以上消防通道 （　）一部寬度 1 米的上行電動扶梯，兩個 2 米寬的步行樓梯，一個消防通道 （　）兩個 2 米寬的步行樓梯，一個消防通道 （　）一個 2 米寬的步行樓梯	賣場廣告位	（　）外牆 300 平方米以上廣告位或內部 200 平方米以上廣告位 （　）外牆 150～300 平方米廣告位或內部 100～200 平方米廣告位 （　）外牆 50～150 平方米廣告位或內部 50～100 平方米廣告位 （　）外牆 50 平方米以下廣告位或內部 50 平方米以下廣告位
賣場停車位	（　）30 個以上停車位 （　）20～30 個停車位 （　）10～20 個停車位 （　）5～10 個停車位	賣場樓層高度	（　）單層吊頂後 3.5 米以上，或複式淨高 6.5 米以上 （　）單層吊頂後 3～3.5 米 （　）單層吊頂後 2.5～3 米 （　）單層吊頂後 2.5 米以下

調查製表人（選址主管）：　　　　　　　　　　　　審核：

表 27 所轄區域城市可選賣場分佈表
（交通及輻射狀況）調查表

城市名稱：　　市場類別：　　賣場類別：　　賣場名稱：

註：在（ ）內打「√」

賣場半徑200 米內公車站停靠的公交線數量	（ ）25 條線以上(好，得 100 分) （ ）15～25 條線(較好，得 80 分) （ ）8～15 條線(一般，得 60 分) （ ）8 條線以下(不好，得 40 分)	地鐵/輕軌狀況(有地鐵交通的城市)	（ ）有地鐵站離賣場距離 200 米內 （ ）有地鐵站離賣場距離 200～500 米 （ ）有地鐵站離賣場距離 500～800 米 （ ）沒有地鐵站
公車平均到站時間	（ ）80%以上每 5～10 分鐘一趟 （ ）65～80%每 5～10 分鐘一趟 （ ）50%每 5～10 分鐘一趟	公車平均最佳到達距離	（ ）12～15 公里 （ ）9～12 公里，15～20 公里 （ ）9 公里以下，20 公里以上
公車平均到達大型街道居民社區	（ ）10 個以上(好，得 100 分) （ ）8～10 個(較好，得 80 分) （ ）4～8 個(一般，得 60 分) （ ）4 個以下(不好，得 20 分)	公車到達居民社區的檔次	（ ）80%以上到達中高檔社區 （ ）60%以上到達中高檔社區 （ ）40%以上到達中高檔社區 （ ）20%以上到達中高檔社區
公車線路經過國美已開賣場區域半徑 3 公里內	（ ）10%以內進入國美已開賣場區域半徑 3 公里內 （ ）10%～30%進入國美已開場區域半徑 3 公里內 （ ）30%～50%進入國美已開場區域半徑 3 公里內 （ ）50%～70%進入國美已開場區域半徑 3 公里內 （ ）70%以上進入國美已開賣場區域半徑 3 公里內	賣場離公車站的距離	（ ）公車站離賣場距離 50 米內 （ ）公車站離賣場距離 50～150 米 （ ）公車站離賣場距離 150～300 米 （ ）公車站離賣場距離 300～500 米 （ ）公車站離賣場距離 500 米以外

製表人(選址主管)：　　　　　　　　　　　　審核：

表 28　分部賣場選址情況分析表

分部名稱：　　　城市名稱：　　　市場類別：　　　賣場名稱：

一、賣場地理位置、所處商圈的狀況描述：

1.賣場地址：

2.商業氣氛：

3.競爭對手情況：

4.與我方已開商店及競爭對手商店距離：

5.人流調查及分析：

6.其他：

二、店面條件：

1.租賃房屋總體描述，我方租賃樓層狀況、賣場使用面積：

2.房屋租金、租期：

3.房屋結構(是否框架結構)、房屋淨高、出入口、通道情況、吊頂、地面狀況、消防噴淋及煙感設施是否完善合格：

4.照明系統、供水情況、供電能力、中央冷氣機、電話線路：

5.賣場外觀描述、賣場正面寬度、門頭及廣告位情況等：

6.租賃房屋內其他租戶情況描述：

7.其他：

三、交通及輻射情況：

1.門口車道數量：

2.方圓 100 米內公交線路數量及輻射狀況：

3.是否靠近輕軌或地鐵站：

4.汽車停車位、自行車停放區情況：

5.其他：

四、業主情況：

1.業主聯繫方式：

2.租賃資質：

續表

五、競租情況：
六、分部對該店址的綜合分析、存在問題和建議：
七、分部總經理意見：

調查人：　　　　　　　　　　　　　　　　　審核：

表 29　所轄區域城市可選賣場分佈表

城市名稱：　　　　　　市場類別：　　　　　　賣場類別：

城市狀況	賣場名稱	賣場狀況	賣場詳情	商圈狀況	賣場位置	賣場間距	賣場面積	樓層結構	賣場設施	交通輻射	租金租期	物業單位	聯繫人電話	競租單位	上次聯繫時間	聯繫結果	建議

製表人(選址主管)：　　　　　　　　　　　　　審核：

內容屬性

1.「城市狀況」，在表格中選擇填寫(非常適合開店、比較適合開店、不適合開店)，預計可開商店總數量。

附件中分析該城市經濟總量(GDP)、人口總量、人均收入、

發展趨勢、基礎建設、交通設施、商業業態、政府開放程度、供應商情況、購買力、人才結構、媒體狀況、贏利空間、同業態競爭對手狀況、其他競爭對手狀況。

2.「賣場名稱」，指該賣場所在大廈或物業的總稱，要簡潔易記。

3.「賣場狀況」，指該賣場本身的情況，可歸類爲(閒置、被租用、在建中)。

4.「賣場詳情」，指該賣場在「被租用」狀況下的租用單位、租期、經營產品、經營狀況、是否轉租或不再續租。

指該賣場在「在建中」狀況下的完工時間、完工後的商業規劃、可否租用、租期要求等。

5.「商圈狀況」，在表格中選擇(很好、較好、一般、不好)。

附件中分析該賣場所在位置的商圈類別：(1)複合商圈：指該商圈同時經營日用百貨、服裝鞋帽、餐飲服務、家用電器等各類產品。(2)專業商圈；指該商圈主要經營日用百貨、服裝鞋帽、餐飲服務、家用電器等其中一大類產品。(3)該商圈在該城市的商圈級別(核心商圈、次商圈、一般商圈)。(4)商圈的商業結構、購物特徵、消費行爲，各商場的市場定位、產品組合、銷售量、銷售額、運營模式。

6.「賣場位置」，用文字描述該賣場在商圈中的具體位置，離主要人流通道、公車站的距離，與其他商場的位置關係，並附「賣場位置及商流圖」。

7.「賣場間距」，需說明該賣場在公司對該市場總體佈局中的位置，離國美已開商店的距離，與競爭對手商店的距離。

8.「賣場面積」，指該賣場現有建築面積、可增加或擴大的建築面積、實際得房率，可租用面積。

9.「樓層結構」，在表格中選擇(很好、較好、一般、不好)，詳情見附件。

「樓層」可歸類為：(1)主一層帶二層。(2)主一層。(3)主一層帶地下一層。(4)主一層帶二層和地下一層。(5)主一層帶二層和三層。

「結構」可歸類為：(1)框架結構。(2)獨立的房屋型結構。(3)層高。(4)通道。(5)外牆結構，廣告位狀況。(6)商場正面寬度。

10.「賣場設施」，在表格中選擇(很好、較好、一般、不好)。

可歸類為：(1)電梯。(2)步行梯。(3)供水。(4)供電。(5)消防。(6)衛生間。(7)電話。(8)停車位。

11.「交通輻射」，在表格中選擇(很好、較好、一般、不好)。

所有可到達該商圈或賣場的公車、地鐵、輕軌、輪渡的線路及月臺。

可輻射範圍：公交線路沿圖可到達的街道、社區及該街道、社區的人口結構、收入水準、購物消費習慣等。

12.「租金租期」，要區分租金中是否包括水費、電費、冷氣機費、取暖費、物業管理費、保潔費等，如果不包括，也要弄清楚各項費用標準：閒置賣場要弄清楚租期可以租多長時間，「被租用、在建中」賣場要弄清楚什麼時間合約到期。

13.「物業單位」，要調查清楚該賣場的業主是單位或個人，已租用的要弄清楚租用單位或個人名稱。

14.「聯繫人電話」，要調查清楚業主和中間租用商的關鍵聯

繫人和電話。

15.「競租單位」，要調查清楚已與該賣場業主或中間租用商進行洽談過的單位，調查清楚它們的經營方式、行業及產品，調查清楚它們的報價。

16.「上次聯繫時間」，因長期跟蹤調查工作，必須在每星期與賣場業主或中間租用商進行溝通一次，溝通完後必須將此工作信息輸入電腦表格以便核查。

17.「聯繫結果」，對我公司確實要租用賣場和為打擊提高競爭對手的賣場租金的不同目的，其談判過程和要求是不同的，要求每次談判完後將談判結果整理後輸入電腦。

18.「建議」，因為各分部選址主管長期跟蹤該賣場，對具體情況特別瞭解，所以，對每次談判後變動的競租情況及接下來的談判策略和談判規格必須提出自己的建議。

心得欄 ------------------------------------

15

商場店址的籌備診斷

圖 5　工作流程

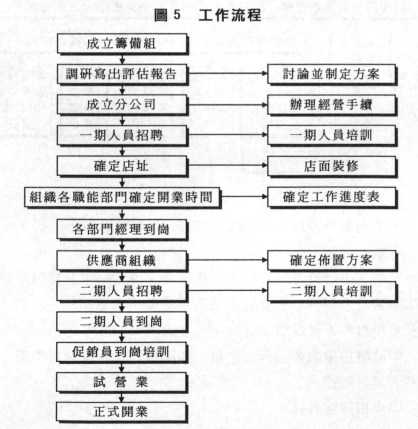

一、籌備組成立

1.分公司成立前期工作

流程如下：

圖 6

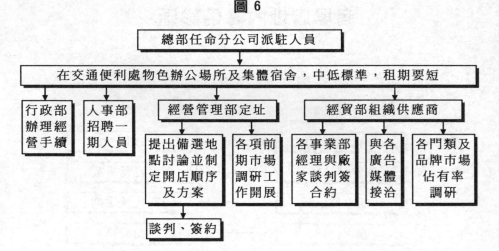

2.人員組成

前期小組一般以三人為佳。經理、助理、文員各一名。

3.辦公場所

前期調研所租房屋時限，大城市為三個月，中型城市兩個月，小城市一個月。租金定在該市中等偏下水準。

房屋租約簽署原則：

(1)驗證房屋的各項合法手續：產權證、過戶或轉讓證明、稅單、是否抵押；

(2)免租期儘量長；

(3)合作方式嚴禁抽成方式；

(4)協議明確不支付任何傭金；

(5)明確各項賠償責任，尤其互不承擔財產保險責任；

(6)我方擁有房屋的使用權；

(7)我方可進行部份轉讓；

(8)有優先續約權；

(9)租金一談 10 年總額，前低後高，不採用遞增方式；

(10)要有完善退出機制，以 60 天爲宜；

(11)租金以月付爲主，若需預付的，要先有折扣條件；

(12)押金的有效期儘量短，折抵速度要快；

(13)儘量不付定金；

(14)物業服務項目儘量由對方承擔，水、電、暖費用要明晰，用電量爲 200 千瓦；

(15)對方態度比較急切的，要慎重。

4.各項補助依行政部有關規定。

5.調研方式：開車、騎車、步行、所有公共交通、上網、問卷調查、走訪、電話、傳真、E-mail 等。

6.填寫表格提交評估報告(方法見評估手冊)。

7.總部回饋意見。

8.就總部回饋問題再調研並提交報告。

9.工作完成。

二、新商場的商圈評估流程

圖 7　選址決策流程圖

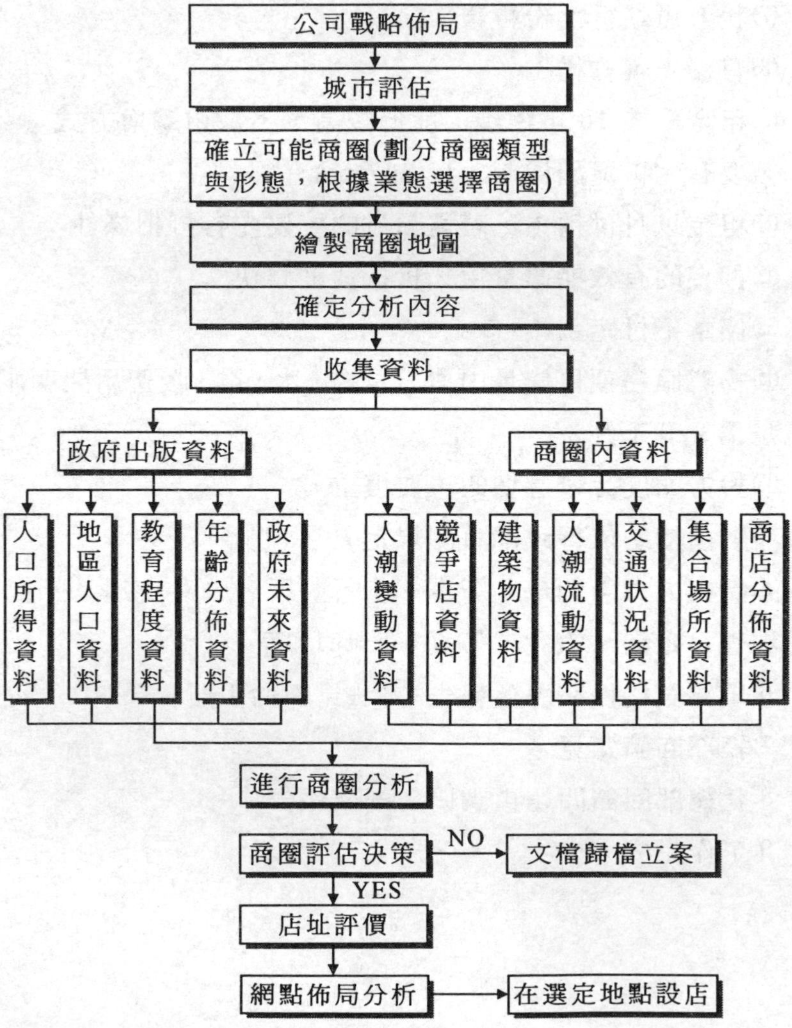

```
                  ┌──────────────────┐
                  │   公司戰略佈局    │
                  └──────────────────┘
                  ┌──────────────────┐
                  │     城市評估      │
                  └──────────────────┘
              ┌──────────────────────────┐
              │ 確立可能商圈(劃分商圈類型 │
              │ 與形態，根據業態選擇商圈) │
              └──────────────────────────┘
                  ┌──────────────────┐
                  │   繪製商圈地圖    │
                  └──────────────────┘
                  ┌──────────────────┐
                  │   確定分析內容    │
                  └──────────────────┘
                  ┌──────────────────┐
                  │     收集資料      │
                  └──────────────────┘
```

政府出版資料						商圈內資料						
人口所得資料	地區人口資料	教育程度資料	年齡分佈資料	政府未來資料		人潮變動資料	競爭店資料	建築物資料	人潮流動資料	交通狀況資料	集合場所資料	商店分佈資料

```
                  ┌──────────────────┐
                  │   進行商圈分析    │
                  └──────────────────┘
                  ┌──────────────┐  NO  ┌──────────────┐
                  │ 商圈評估決策  │─────→│ 文檔歸檔立案  │
                  └──────────────┘      └──────────────┘
                       │ YES
                  ┌──────────────┐
                  │   店址評價    │
                  └──────────────┘
                  ┌──────────────┐     ┌──────────────────┐
                  │ 網點佈局分析  │────→│  在選定地點設店   │
                  └──────────────┘     └──────────────────┘
```

在確定進入城市，決定投資設店後，要怎樣著手進行呢？
它的流程是什麼樣？

16

著名企業的選址診斷

一、店址評估流程

圖 8　店址評估流程（一）

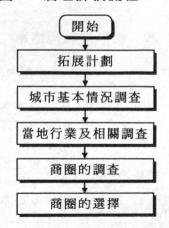

圖 9 店址評估流程（二）

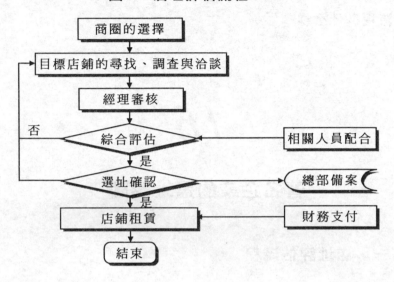

二、操作規範與標準

表 30 操作規範與標準

任務名稱	操作步驟	作業規範及注意要點	負責人
拓展計劃	1.將公司拓展計劃分解到地區、省、市 2.將公司拓展計劃分解到季、月、日 3.根據拓展時間、拓展區域，制定選址計劃 4.根據選址計劃，做好選址、評估的資源配置與統籌安排	1.拓展經理負責組織本部門完成對公司拓展計劃的制定與分解，報總經理審批 2.拓展經理根據選址計劃進度，做好相關資源的配置與統籌安排 3.選址計劃進度的制定	拓展經理
	重點		
	標準		
	計劃詳細、準確、全面，有可操作性		

續表

城市基本情況調查	1.進行人口統計調查：分城關、行政區域、輻射區域 2.收入及消費水準的調查：地方財政收入、當地居民平均收入及消費水準調查 3.地方產業結構的調查	調查方式： 4.查閱城市統計年鑑 5.走訪城市統計部門 6.設計問捲進行調查	拓展人員
	重點	7.城市基本情況的調查	
	標準	8.方法正確，調查內容準確、全面	
當地行業及相關調查	1.對當地服裝行業基本情況的調查：城市服裝業年銷售額、主要銷售場所、當地知名服裝品牌情況及競爭情況 2.對當地男裝行業基本情況的調查：男裝店整體數量、男裝店區域分佈情況、平均營業規模、競爭環境、工資水準 3.對其他情況如各行政區域、各地段的店鋪租金水準、當地各類宣傳廣告費用的標準水準等的調查。	調查方式： 9.查閱城市統計年鑑 10.諮詢服裝行業協會 11.查閱城市服裝資料 12.調查人員實地訪查 13.消費者問卷調查	拓展專員
	重點	14.當地服裝行業情況的調查，信息、情報的搜集	
	標準		
	方法正確，調查內容全面、真實、詳細、準確		

續表

商圈的調查	1. 對城市成熟商圈與新生商圈的調查與評估 2. 對商圈基本情況的調查,包括:商圈內人口基本情況、交通、居民的生活與消費的習慣等 3. 對商圈內的各樓盤種類結構的調查 4. 對商圈內店鋪平均租金水準的調查與瞭解 5. 對城市中長期規劃的調查與瞭解 6. 對商圈地形與街道特點的調查 7. 對商圈客流的調查、分析(尋找聚客點)	15. 商圈基本情況,包括:固定人口數、人口密度、人口增長、日夜人口數、商圈內人口職業、年齡、教育程度、收入水準 16. 人口密度:以區域內居住人口數除以土地面積所得出的每平方公里居住人口數 17. 各樓盤的種類結構:不同的大樓有不同的客戶,辦公大樓代表著穩定的辦公人口,其購買力較高;百貨公司及休閒娛樂場所能吸引顧客,聚客力高,形成互動消費 18. 商圈客流情況,包括:客流結構(自身客流、分享客流、派生客流)、客流目的、速度、滯留時間、客流規模、來店光顧人數在經過人數中的比例、購買者在光顧者中的比例、每筆交易的平均購買量等 調查方式: 19. 走訪城市相關部門 20. 調查人員實地訪查 21. 調查人員實地暗訪 22. 消費者問卷調查	
重點		
按要求調查、填寫店鋪選址相關表格		
標準		
××時裝連鎖店址選擇的參考規範與標準		

續表

經理審核	把調查情況、相關調查表格及選址方案一起上報拓展部經理審核	(1)拓展經理審核不通過時，拓展人員重新尋找店址 (2)拓展經理審核通過後，就安排相關人員抽樣核實、評估調查數據，必要時召開選址評估會議，讓相關部門負責人參與綜合評估	
	重點		
	選址方案的審核與評估		
	標準		
	根據企業戰略發展規劃與企業實際，結合選址、評估的標準		
綜合評估	1. 拓展經理審核通過後，就安排相關人員抽樣核實、評估調查數據 2. 負責綜合評估的相關人員，認真填寫《綜合評估表》	(1)綜合評估內容嚴格按照店址評估標準去調查與核實 (2)評估項目應根據諾奇的發展戰略而定，主要包括：店面結構、交通狀況、競爭環境、顧客流量、店面成本和發展趨勢與潛力等 (3)必要時由拓展部經理牽頭組織新店選址評估會議進行店址的綜合評估，從相關部門選拔成員組建店址評估小組	
	重點		
	評估過程的執行、核實		
	標準		
	根據企業戰略發展規劃與企業實際，結合選址、評估的標準，認真、負責、評估全面、有效		
選址確定	①店址評估後確定 ②報上級審批 ③資料備案	(1)由拓展部經理提供指導，由評估小組對評估結果進行整理分析，結合前期市場調查數據，形成店址評估報告，確定店址	拓展經理

續表

選址確定	①店址評估後確定 ②報上級審批 ③資料備案	(2)將評估報告和選址結果報總經理審批 (3)將收集的各類資料、報告、照片、圖紙等送行政部資產管理處儲存備案	拓展經理
	重點		
	各調查資料及方案、評估結果的上報		
	標準		
	資料要全面、詳細、準確		
店鋪租賃	①租賃條件評估 ②租賃談判 ③簽訂租賃合約	(1)店址確定,由拓展部向總部相關部門提供市場/商圈信息、當地店鋪平均租賃價格水準,由拓展部協助財務部制定可接受的該店鋪租賃各類費用標準,由拓展部協助相關部門確定店鋪租賃的方式、時間等各類條件 (2)租賃談判內容:使用期限、租金和付租方式、押金、免租裝修期限及其他相關事宜等 (3)租賃簽約應注意事項:合法出租權、簽約代表合法、注意合約條款細節、合約規範簽訂等	拓展經理
	重點		
	租賃合約的簽訂		
	標準		
	合理、合法、細緻、無遺漏		

- 136 -

三、選址模型簡介

圖 10

城市布點	社區評估	店址評估
(1)人口狀況 (2)經濟狀況 (3)商業狀況 (4)發展狀況	(1)社區消費力 　社區潛在需求量 　社區需求結構 (2)內部競爭力 　社區產品現有供給量，社區產品供給結構 (3)社區發展力	(1)商店外部力 　可接近性 　地點特徵 (2)商店內部力 　內部結構與成本
通過區域市場來看目標消費群的成熟度	目標社區的需求與供給狀況與均衡發展的趨勢	目標商店對業務的吸引力

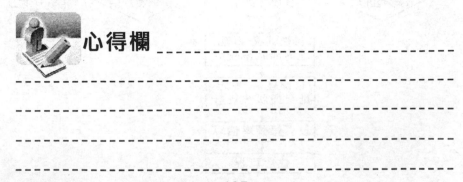

心得欄

_____

_____

_____

_____

_____

四、選址總流程

圖 11　選址總流程

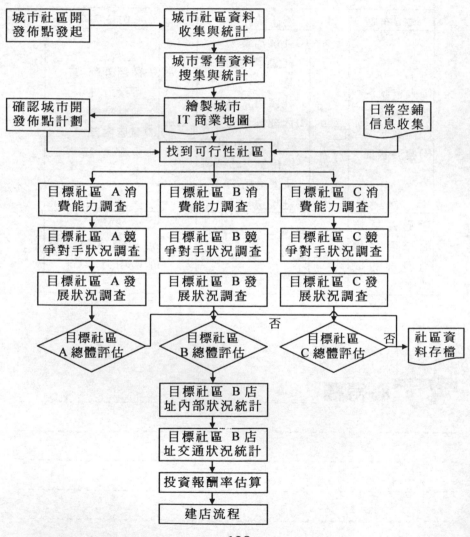

五、城市佈局

圖 12　城市佈局流程

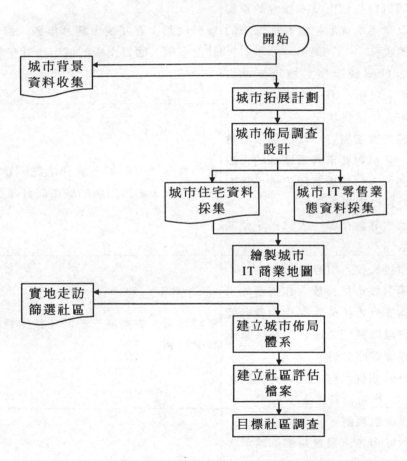

表 31　城市佈局操作內容與規範、操作方法工具與成果示例

操作內容與規範	操作方法、工具
1.城市背景資料收集與填寫	
(1)目標城市基本狀況 ①通過對目標城市基本狀況的瞭解可以全面準確地把握整個城市的總體狀況 ②涉及的關鍵指標：城市土地面積、人口數、GDP 水準等	資料收集：查閱城市統計年鑑、登陸統計信息網、購買出版的城市統計年鑑
(2)城市人口結構狀況 ①根據消費者對 IT 產品需求的特點，必須對城市各個區域的人口比例、人口結構有所瞭解，從而細分目標消費者 ②涉及的關鍵指標：人口數、就業人數等	資料收集：查閱城市統計年鑑、登陸統計信息網、購買出版的城市統計年鑑
(3)城市居民收入和消費能力 ①通過對城市居民收入和消費能力的調查分析，確定目標消費群體的實際購買能力，從而為未來市場推廣做好準備 ②涉及的關鍵指標：人均可支配收入、人均可消費性支出	資料收集：查閱城市統計年鑑、登陸統計信息網
(4)城市發展規劃 通過對城市未來發展規劃的瞭解，可以判斷城市未來經濟地理的走向，從而廻避商店佈局的風險，對未來城市發展提前做好準備	資料收集：查閱城市發展規劃網

續表

(5)城市資料的填寫	填寫「行政地區經濟狀況表」
2.城市拓展計劃	
(1)將公司拓展計劃分解到地區、省、市	填寫「城市布點計劃表」
(2)將公司拓展計劃分解到季、月、日	填寫「城市布點計劃表」
(3)根據拓展時間、拓展區域，制定選址計劃	制定「選址工作流水表」
(4)根據選址計劃，做好選址、評估的資源配置與統籌安排	制定「選址工作流水表」 人員可選擇大學生兼職
3.城市佈局調查設計	
(1)城市布點調查的主要指標選擇	根據國外發展經驗來看，當人均 GDP 達到 3000 美元之後，居民消費結構將會發生較為明顯的變化，在 IT 產品與服務上的需求將會有較大的增長。所以某 IT 企業專賣店應考慮開設在人均 GDP 超過 20000 元的地區而瞭解目標群體的聚集地區，最簡單可操作的辦法即是瞭解目標群體所居住樓盤的價位和它在城市裏的分佈狀況
(2)確定該區域 GDP 水準	從目標城市基本資料裏採集
(3)瞭解該區域樓盤平均價格	從專業的房地產網站上獲取
(4)確定目標消費群所能承受的樓盤價格	取該地區超過均價的樓盤社區
(5)確定目標城市中區(縣)採集的樓盤標準，並提供戶數、地址、開盤時間等重要信息	設計城市調查表調查指標：樓盤價位、戶數、開盤時間、地址

續表

4.城市住宅資料採集和城市 IT 零售業資料採集	
(1)按上述步驟確定的目標城市中區(縣)樓盤標準在網路上進行信息採集	背景資料/樓盤資料和 IT 賣場資料
(2)實地走訪城市的電子商業街道、IKA 賣場和其他競爭對手在城市的分佈狀況	背景資料/樓盤資料和 IT 賣場資料
5.繪製城市 IT 商業地圖	
	把上述步驟中得到的樓盤資料和 IT 服務供給資料填寫到城市行政地圖上
6.實地考察篩選社區	
(1)簡單考察目標社區樓盤、人流交通狀況，現場實地拍攝照片	初步考察社區的辦法： (1)到達地圖上標註的樓盤聚集的社區 (2)把獲取的資料與樓盤一一對應 (3)判斷樓盤信息的真實程度(如樓盤過於陳舊，則去當地房地產仲介再次確定此處樓盤價格)
(2)確定社區輻射範圍，找出該社區最具人氣的區域	確定社區範圍的方法： (1)選擇其中較大的樓盤作爲目標社區 (2)觀察社區居民日常購物消費的社區去處 (3)找到社區人氣聚集的商業街(中心) (4)以此商業街爲中心，輻射半徑 500 米左右，爲該社區的範圍
(3)按照上述標準，現場考察社區狀況，刪除信息失真的社區，確定可能進入的社區和社區範圍	

續表

7.建立城市佈局體系	
(1)找出城市零售業態集中地區，確定城市核心商圈、次級商圈與輔助商圈	從地圖上獲取信息
(2)找出 IT 零售點密集區域	從地圖上獲取信息
(3)找出城市高檔目標社區集中的區域	從地圖上獲取信息
(4)確定城市社區商店進入次序	評估社區商店進入次序的辦法： (1)評估社區的樓盤價位：計算該地區的樓盤平均價位，把該社區按樓盤平均價格排列 (2)評估社區商圈的性質：把所在社區商業街道放入城市商圈、社區商圈和培育型商圈範圍之內。(城市商圈：輻射範圍超過 1000 米，爲該行政區居民主要購物場所；社區商圈：輻射範圍超過 500 米，爲該社區主要購物場所；培育型商圈：爲正在形成還尚未形成的商業地段) (3)評估商業區的 IT 零售程度：按競爭產品提供者的有無來劃分 (4)組合三個維序，確定進入次序： ・高檔社區＋城市商圈 ・高檔社區＋社區商業街(中心) ・中檔社區＋城市商圈 ・中檔社區＋社區商業街(中心) ・高檔社區＋培育型商業街 ・高檔社區＋城市 IT 零售密集區

8.建立社區評估檔案	
	社區評估檔案內容格式： ⑴繪製目標社區地區 ⑵確定目標社區所有樓盤資訊(相片和數據) ⑶建立當地房屋仲介聯繫檔案，日常保持聯繫，關注並收集空鋪資源 ⑷建立開放型社區評估檔案

六、社區評估

1.社區評估原理

⑴社區經濟性(消費力評估)

通過衡量社區的經濟性，從而可以推斷出整個社區的潛在需求量。

社區店區別於商圈店的根本特徵之一在於，社區的消費主要是靠社區居民支持，而較少靠流動人口支持。可以把社區內部消費作爲理想的約束條件考察，而不考察社區的外部消費。

社區 IT 產品服務的潛在需求量＝社區總人口×人均支出

×人均 IT 產品的支出比重

通過考察以下指標得到社區總人口、人均支出和人均 IT 產品的支出比重等數據。

表 32

評估維度	評估指標	獲取數據方法	簡易快捷的方法
社區潛在需求量 社區需求結構	常住人口數 家庭及構成 人口密度 教育程度 從事行業 人口增長率 家庭人均收入 白天流動人口數 年齡構成 家庭年支出及支出結構	查閱城市統計年鑑 走訪城市有關行政部門 通過消費者調查問卷獲得 查閱相關資料 查閱客戶資料 購買市場調查公司數據	確定某 IT 企業專賣店目標消費群體,通過對目標消費群體較為詳盡的描述,判斷目標消費群體較多的活動場所,如銀行、超市、學校、便利店和較高的消費表徵:如房價、私家車擁有率,來推斷社區消費能力

⑵社區內部競爭性(競爭環境評估)

通過衡量社區的競爭性,從而可以推斷出整個社區的有效供給。

社區的競爭性,表現為給某 IT 企業專賣店構成競爭的各種品牌與產品的銷售量之和。

表 33

評估維度	評估指標	獲取數據方法	較為簡易快捷的方法
⑴同類產品現有供給量 ⑵社區同類產品供給結構	競爭品商店營業數量 競爭品商店營業面積 競爭品營業總額	競爭者調查	通過衡量幾種重要業態的存在數量,來推斷社區競爭狀況

表 34　如何做競爭者調查

目的：瞭解既存競爭者的數量及大小、所有競爭者的強弱勢評估、短期及長期的展望、飽和的程度。
主要內容：
(1)賣場氣氛，本社區內對本企業較有影響性的競爭店，其賣場氣氛、購物環境、服務態度等
(2)來客數，該競爭店每日成交客戶數
(3)平均消費額 　A.瞭解該店的各類客數與消費金額比例 　B.根據此比例再分別乘以其價格 　C.加總後求其平均值即爲平均消費額
(4)營業額： 　來客數×平均消費額＝每日營業額 　每日營業額×每月工作天數＝每月營業額
小技巧：拍攝照片。可以讓新員工做競爭對手調查工作，根據調查結果，來評估該員工的工作能力。

(3)社區發展性

通過衡量社區的發展性，可以更好地判斷未來社區的需求與供給情況。

社區的發展性：表現在未來社區零售需求和零售供給的均衡擴展。

對於社區發展性的瞭解，可以通過對政府統計年鑑的查閱，收集到社區人口、經濟發展的歷史資料，同時查閱城市規

劃和判斷未來城市地理經濟的走向。

同時我們亦可以採取較爲簡易快捷方法的方法：

通過瞭解未來城市規劃、房地產價格趨勢來瞭解該地區未來升值潛力；通過瞭解未來住宅面積的增長，推斷未來社區人口和需求的增長，通過瞭解未來商業狀況，推斷未來該地區零售供給情況。

一般的原則是：尋找將要飆升的土地和在大型超市或者購物中心附件尋找黃金商鋪。

⑷社區綜合評估

通過衡量社區的經濟性來判斷潛在社區 IT 產品服務需求量，通過衡量社區的競爭性來判斷社區產品與服務的有效供給，通過衡量社區發展性來判斷未來的均衡狀況。

社區 IT 產品服務需求量＝（潛在社區 IT 產品服務需求量－社區產品與服務的有效供給）×社區發展係數

綜合指數＝社區經濟指數－社區競爭指數＋社區發展指數

填寫表格，得到社區的綜合指數。

社區進入係數＝社區綜合指數得分÷社區總得分

社區進入係數超過 50，則表明該社區可以進入，分值越高，則進入強烈程度就越大。

（例如：社區所在地區的 GDP 水準爲 50000～60000 元，則此社區最高得分爲：

70 分＝社區消費水準 55 分＋社區發展水準 15 分

若此社區消費水準最後得分爲 35.75 分，競爭水準爲 0.9 分，發展水準爲 8.4 分。

$$總分 = 35.75 - 0.9 + 8.4 = 43.25$$

$$社區進入係數 = 43.25 \div 70 = 61.75$$

2. 社區調查流程

圖 13　社區調查流程圖

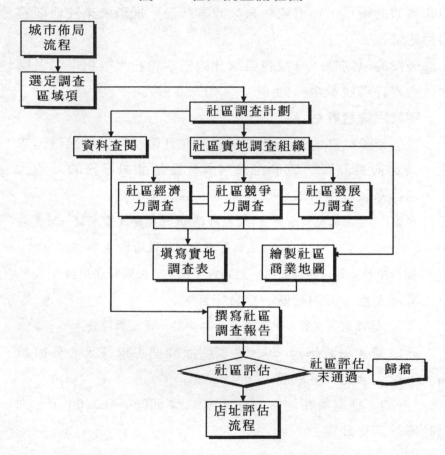

3.社區調查操作內容與規範、操作方法工具與成果示例

表 35

操作內容與規範	操作方法、工具
1.選定調查區域	
(1)在城市佈局流程中，選擇目前可能介入的區域	從城市佈局中選擇前四類進入社區
(2)從日常整理的社區檔案裏，抽取現有空鋪資源的社區	(1)公司日常保持和房屋仲介的聯繫，隨時留意空鋪資源 (2)把仲介聯繫方式與空鋪資源放在社區檔案裏
(3)兩者綜合，選定調查的區域	
(4)選擇店鋪所在的社區商業街為主要調查地點	
2.社區調查計劃	
(1)社區調查工作流水表	社區調查流水表、選址工作流水表.xls
(2)人員到位	可選擇大學生兼職
3.社區實地調查組織(社區經濟性、競爭性、發展性調查)	(1)實地測量調查表所列項目 (2)通過訪談獲取調查表所列示項目
4.資料查閱	
(1)查閱檔案裏有關樓盤的資料	查閱《社區初步調查報告》
(2)查閱該區域未來發展規劃和大型工程項目	查閱《社區初步調查報告》和城市發展規劃報告
5.填寫實地調查表	
認真填寫「社區經濟性、競爭性、發展性調查表」	

續表

6.繪製社區商業地圖	
	繪製社區商業地圖的方法 ⑴畫出社區簡圖，分別標註社區土地性質(住宅區、商業區、工業區) ⑵標出住宅區樓盤名稱(在社區樓盤統計中可以找到相關資料) ⑶標註社區商業街或商業區，標出商業街內主要店鋪名稱 ⑷繪製社區主要人流方向
7.撰寫社區調查報告	
	完整調查報告包括內容： ⑴社區樓盤分佈情況 ⑵樓盤詳細資料 ⑶社區商業情況 ⑷房產仲介公司與空鋪資料 ⑸社區評分 ⑹社區總體評估社區評分 定量評估——得到社區進入係數 方法：社區總得分÷社區能達到的最高分＝社區進入係數 社區進入係數>50，則可以進入 社區進入係數越高，則進入條件就越充分 定性評估——社區內的優勢劣勢評估
8.社區評估	
確定合適目標社區	根據公司現有的資金情況、人員情況、產品情況決定可以進入的社區
9.歸檔	

七、店址評估

1.店址評估原理

在同一個社區中，按照可接近性和人流量也可以分爲不同層次的「點」，店址評估就是要在這些「點」中選擇最優質的。

⑴店址外部評估

表 36　店址外部評估表

評估維度	評估指標	獲取數據方法
可接近性	經過店址的交通工具的數量和類型 經過店址的行人數量和類型 街道的品質 街道的擁擠程度	實地測量
地點特徵	所屬主要商業業態 週圍商店的相容性 顧客進入的難易程度 從街道上能否看到商店	實地測量

表 37　如何測量目標店的人潮數量

目的:通過社區內人潮走向的變動來評估社區 IT 產品服務實際流動需求量。

主要內容:

1.尋找調查地點，比如：a.目標店址；b.社區商業中心到社區核心住宅社區的道路上。

2.平日及假日社區人潮狀況

3.將一週之時間區分爲兩段　a.週一至週五；b.週六、週日、法定假日。

4.以 9 點到 21 點每兩小時細分為一個小段
5.以 15 分鐘為其抽樣時段之樣本，並計算其抽樣點之實際經過人數、汽車數
6.將每抽樣之數，轉變成兩個小時之人潮流動數 例：以 15 分鐘為抽樣得該抽樣點人數為 Y，將 Y×8＝Z，則為其可能之人口流動數
7.將其數字依時段填入表內
8.將人潮流動抽樣之數字以線圖表示

⑵店址內部評估

通過衡量目標店址的內部條件，簡單核算投資成本。

目標店址的內部條件主要包括：租金核算以及門面的結構。

一般原則：月租金不超過店面營業額的 2%，商店結構以正方形為佳，位於道路轉角處，有較大的門頭面積。

⑶決策評估的簡單辦法

如果幾家商店總得分接近，我們可以用以下的方法來從中選擇一家（註：此方法適合有大量開店數據之後操作）：

方法 1：類比法

Step1：選擇一家開業且業績最好的商店。

Step2：查閱此家店在開業時候的得分。

Step3：找出此家店獲得最高得分的幾項。

Step4：在備選商店中找出這幾項的得分最高的店鋪。

方法 2：多元回歸法

Step1：找到所有已經開店的選址評估得分。

Step2：選址評估得分與月平均銷售額一一建立關係。

Step3：得到回歸方程。

圖 14

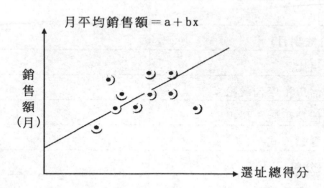

月平均銷售額＝a＋bx

銷
售
額
（月）

選址總得分

Step4：把目標店址的總得分代入方程式，可以推算未來新商店的月銷售額。

Step5：根據各個商店運營費用，選擇投資報酬率最高的商店。

⑷**計算投資報酬率**

表 38　計算投資報酬率

	主要預測項目	得到方法	數量
收入	平均人流量(人/10 分鐘)	人流統計	
	日營業時間(10～12 小時)		
	月人流量(單位：人)		
	預計成交率	社區商業環境好，則成交率高	
	月銷售台數		
	預計單台售價(1300～1500 元)	社區經濟性得分高，則預測單價高	

續表

收入	月銷售流水		
	銷售毛利率		
	銷售毛利		
費用	房租(分攤到月)		
	毛利房租比		
	成為三倍房租店，房租≤		
	成為五倍房租店，房租≤		
	押金及返還方式		
	轉讓費(分攤到月)		
	預計裝修費用總額		
	月攤銷裝修費(單位：元/月)		
	水電費(單位：元/月)		
	人員工資及獎金(單位：元/月)		
	直接炒作廣告費(單位：元/月)		
	後勤間接費用攤銷額(單位：元/月)		
	預計稅金及附加支出(單位：元/月)		
	其他費用說明(攤銷到月，單位：元/月)		
	費用總計(單位：元/月)		
贏利	贏利預測		

2.店址評估流程

圖 15　店址評估流程

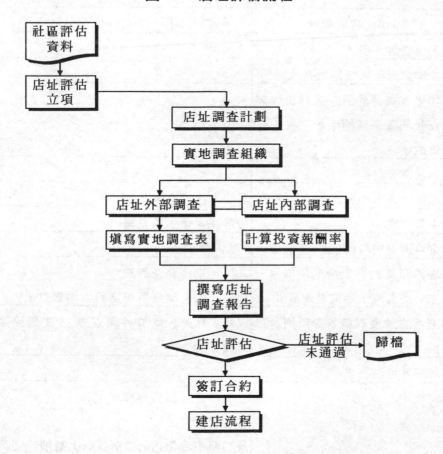

3.店址評估操作內容與規範、操作方法工具與成果示例

表 39

操作內容與規範	操作方法、工具
1.店址評估立項	
(1)收集齊全商店社區所在資料	
(2)如果有選擇的話，最好比較調查該社區不同的店址，從中挑選最好的	
2.店址調查計劃	
(1)社區調查工作流水表	選址工作流水表
(2)人員到位	可選擇大學生做兼職
3.實地調查組織(店址外部調查、店址內部調查)	
(1)實地測量調查表所列示項目，主要爲人流、車流量的統計	人流、車流調查辦法：參看「如何測量目標店的人潮數量」
(2)通過訪談獲取調查表所列示項目	填寫「店鋪內部條件調查表」，主要通過訪談得到
4.填寫實地調查表	
認真填寫「店鋪內部、外部條件調查表」	目標商店外部條件標準： (1)可接近性 若門面距離街道有 10 級以上臺階，則該商店不予考慮，亦不必填寫「商店外部條件調查表」) (2)地點特徵 所屬主要商業業態

續表

認真填寫「店鋪內部、外部條件調查表」	週圍商店的相容性(禁止相鄰的店鋪爲餐飲大排檔、五金、修車、汽配、建材、門窗、裝修等行業,若有此情況,則立刻終止該店,不必填寫「商店外部條件調查表」) 月租金不超過店面營業額的 2%,商店結構以正方形爲佳,位於道路轉角處,有較大的門頭面積
5.測算店鋪投資報酬率	
	填寫商店「投資報酬率表」
6.撰寫完整的商店調查報告	
	完整商店調查報告包括內容: (1)社區樓盤分佈情況 (2)樓盤詳細資料 (3)社區商業情況 (4)房產仲介公司與空鋪資料 (5)社區評分 (6)社區總體評估 (7)目標店鋪評分 (8)目標店鋪投資收益核算
7.歸檔	
	暫時不合適的店面存檔
8.簽訂合約	
	《商店房屋租賃合約》樣本

八、執行流程規範

1.項目目的：按照項目選址的思路與規範，更加清晰準確地執行《選址手冊》。

2.範圍：某 IT 企業連鎖拓展部。

3.作業內容：

參看「選址項目流水表」。

4.項目要求：

(1)所有表單、數據必須來自實地調查，查閱資料獲得的必須表明出處，保證其準確客觀性。禁止弄虛作假，捏造數據。

(2)調查工作完成之後，必須將成果交予拓展部，拓展部必須對該項目做出評估。

(3)所有項目完成之後，必須上交資料到某 IT 企業公司總部存檔。

九、表格

1.行政地區經濟狀況

2.社區經濟力(消費能力)評估表

3.社區競爭力(競爭環境)評估表

4.社區發展性(未來成長)評估表

5.社區綜合評估表

6.目標店週圍環境評估表

7.目標店內部評估表

8.人潮流動抽樣表

表 40　行政地區經濟狀況

序號				
行政區(縣)				
人口狀況	人口結構(15～45 歲)佔總人口比重			
	人口密度			
	人口總數			
	總面積			
經濟狀況	商品房均價			
	人均消費額			
	人均收入			
	產業比重			
	GDP			
IT 商業狀況	電子商業街長度			
	電子商業街數			
	RKA 數			
	電腦城面積			
	電腦城數			
主管核實與意見			填表人	
			填表時間	

表41　社區經濟力（消費能力）評估表

序號	維度	100	80	60	40	20	權重	總分
1	社區住戶	>9000 戶	8000～9000 戶	7000～8000 戶	6000～7000 戶	<6000 戶	15%	
2	社區平均年齡	35～45 歲	25～35 歲	15～25 歲	45～55 歲	55 歲以上	5%	
3	社區流動人口比重	<5%	5%～10%	10%～20%	20%～30%	>30%	10%	
4	社區平均房價（平方米）	>10000 元	10000～8000 元	8000～6000 元	6000～4000 元	<4000 元	15%	
5	社區銀行數	>5 家	4 家	3 家	2 家	<2 家	10%	
6	社區超市	大型，且超過 1 家	大型 1 家	中型，且超過 1 家	中型	小型	15%	
7	社區學校數	>5 家	4 家	3 家	2 家	<2 家	5%	
8	社區私家車擁有率	>30%	20～30%	10～20%	5～10%	<5%	10%	
9	社區 7-11 數量	>5 家	4 家	3 家	2 家	<2 家	5%	
10	社區環境	非常整潔，安靜	非常整潔	整潔	一般	較爲混亂	10%	

主管核實與意見	綜合得分	
	填表人	
	填表時間	

表 42　社區競爭力（競爭環境）評估表

序號	維度	100	80	60	40	20	0	權重	總分
1	社區有電子產品一條街	>500 米	500～200 米	100～200 米	100～50 米	<50 米	無	25%	
2	社區有電腦城	2 座	1 座	——	——	——	無	45%	
3	社區有 RKA 銷售電腦產品	3 處	2 處	1 處	——	——	無	10%	
4	社區有其他品牌電腦專賣店	25	1 家	——	——	——	無	15%	
5	社區有其他電腦維修點	4 個	3 個	2 個	1 個	——	無	5%	
主管核實與意見						綜合得分			
						填表人			
						填表時間			

表 43　社區發展性（未來成長）評估表

序號	維度	100	80	60	40	20	權重	總分
1	社區樓盤年限	2～5 年	5～8 年	8～12 年	<2 年	>12 年	10%	
2	社區週邊規劃	週圍有政府規劃在建商業項目	週圍有政府規劃在建住宅項目	未來 1～2 年屬於政府規劃開發範圍，商業用地	未來 1～2 年屬於政府規劃開發範圍，大型住宅用地	未來 3 年屬於政府規劃開發範圍，商業用地	30%	
3	週邊將有大型超市百貨公司 shopping-mall	剛建成	在建，半年內建成	在建，已經動工	已經列入規劃	未來有較大可能建且	30%	
4	土地升值潛力	>50%	40～30%	30～20%	20～10%	10～5%	20%	
5	交通非常便利	地鐵輕軌高速公車俱全	在建軌道交通	規劃軌道交通	公車密集	有公車	10%	
主管核實與意見						綜合得分		
						填表人		
						填表時間		

表 44　社區綜合評估表

城市區(縣) 人均 GDP (單位：元)	1 經濟性			2 競爭性			3 發展性			合計
	初次 得分	權重	得分	初次 得分	權重	得分	初次 得分	權重	得分	註： 1-2+3
>70000		65%			25%			10%		
60000～ 70000		60%			28%			12%		
50000～ 60000		55%			30%			15%		
40000～ 50000		50%			32%			18%		
30000～ 40000		45%			35%			20%		
20000～ 30000		40%			37%			23%		
>20000	暫不考慮社區店									

表 45　目標店週圍環境評估表

序號	維度	100	80	60	40	20	權重	總分
1	人流量	120 人以上/30 分鐘	120～100 人/30 分鐘	100～80 人/30 分鐘	80～60 人/30 分鐘	60 人以下/30 分鐘	15%	
2	車流量	20 輛以上/30 分鐘	25～20 輛/30 分鐘	20～15 輛/30 分鐘	15～10 輛/30 分鐘	10 輛以下/30 分鐘	10%	
3	商店可視範圍	在道路 500 米外	在道路 400～500 米處	在道路 300～400 米處	在道路 200～300 米出	在道路 200 米內	10%	
4	道路寬度	13～20 米	7～13 米	>20 米	<7 米		5%	
5	距離公車站、地鐵站	<25 米	25～50 米	50～100 米	100～200 米	>200 米	10%	
6	200 米內的公車線路	>20 條	15～20 條	10～15 條	5～10 條	<5 條	10%	
7	左右商鋪	高檔國際品牌店	高檔國內品牌店	中檔國內品牌店	一般專賣店	空鋪	20%	
8	所屬社區商圈	大型超市週邊	購物中心裙樓	社區商業中心	社區商業街	獨立店	20%	

主管核實與意見	綜合得分	
	填表人	
	填表時間	

表 46 目標店內部評估表

序號	維度	100	80	60	40	20	權重	總分
1	賣場形狀	正方形	橫形	長條形	其他	很不規則	10%	
2	門頭長度	>8 米	6～8 米	4～6 米	3～4 米	<3 米	15%	
3	可用門面長度	>8 米	6～8 米	4～6 米	3～4 米	<3 米	10%	
4	面積	70～80 平方米	70～60 平方米	60～50 平方米	>80 平方米	<50 平方米	10%	
5	隔壁租金比例	<100%	100～110%	110～120%	120～130%	>130%	15%	
6	租賃年期	>5 年	5～4 年	4～3 年	3～2 年	<2 年	10%	
7	付款方式	月付	兩月付	季付	半年付	年付	5%	
8	租金遞增	3 年無遞增	3 年累增 0～3%	3 年累增 3～6%	3 年累增 6～10%	3 年累增 >10%	10%	
9	押金情況	1 個月	2 個月	3 個月	3～6 個月	半年以上	5%	
10	基建情況	不用土建	改牆	改天	改地	改天地牆	10%	

主管核實與意見	綜合得分	
	填表人	
	填表時間	

表 47 人潮流動抽樣表

時間段 ＼ 流量	星期一		星期二		星期三		星期四		星期五		星期六		星期日		合計		節假日	
	人流	車流	人流	車流	人流	車流	人流	車流	人流	車流	人流	車流	人流	車流	人流	車流	人流	車流
9：00～11：00																		
11：00～13：00																		
13：00～15：00																		
15：00～17：00																		
17：00～19：00																		
19：00～21：00																		
合計																		

主管核實與意見	綜合得分	
	填表人	
	填表時間	

心得欄 -

- -

- -

- -

- -

- -

17

美髮店的選址診斷

一、選址總流程

圖 16　選址總流程

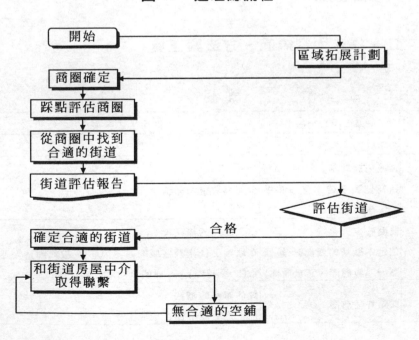

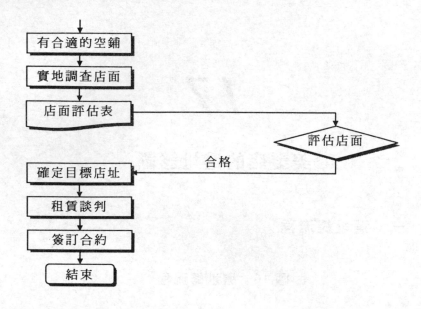

二、操作內容規範、方法與工具

表 48

	操作內容規範	操作方法與工具
步驟一	確定商圈、選擇街道	
1	區域拓展計劃 運營總監明確本階段布點的數量、區域	公司高層會議結論
2	商圈確定 確定本區域的商圈(一級商圈、二級商圈、三級商圈)	確定商圈的辦法： 在地圖上找出該區域的商業中心(一級商圈)、大型超市(二級商圈)、一般購物中心(三級商圈)
3	踩點評估商圈	評估商圈的辦法： 把上述重要商圈在地圖上標註，並且駕車實地考察

4	從商圈中找到合適的街道	尋找合適街道的辦法： 按照「商圈調查標準表」要求填寫考察過的街道。
5	街道評估報告	撰寫街道評估報告的辦法： 1.完整填寫「商圈調查標準表」 2.現場拍攝：a.人車流；b.大型集客中心； 　c.各個角度拍攝街道情況；d.競爭對手情況 3.評估競爭對手經營情況 4.繪製街道商業地圖
6	評估街道	運營總監結合自身經驗評估街道
7	確定可以開店的街道	從提供的街道資料中，篩選確定可以開店的街道
步驟二	店面考察、裏裏外外	
1	和街道房屋仲介取得聯繫 收集當地的商用房屋仲介 訪問房屋仲介	
2	無合適的空鋪	
3	有合適的空鋪	
4	實地調查店面	實地調查的辦法： 1.店面外部情況拍攝 2.店面內部情況拍攝並索取平面圖 3.瞭解店面租金及其他商務情況 4.把店址標註在街道商業地圖上
5	店面評估表	按照「店面評估表」認真填寫店面情況
6	評估店面	運營總監結合自身經驗評估店面
7	確定目標店址	從提供的店面資料中，篩選確定目標店
步驟三	租賃談判、簽訂合約	
1	租賃談判	詳細記錄租賃談判，填寫「商店租賃條件表」 獲得詳細的租賃條件，填寫「商店現場情況表」
2	簽訂合約	

三、相關表單

1.街道評估表

2.目標店面評估表

3.租賃條件表

4.現場情況表

表 49　街道評估表

所屬商圈：　　　　　　　　　街道名稱：

填表人：　　　　　　　　　　時間：

評估維度	指標	參數或標準	街道情況
街道條件	街道長度	>500 米	
	街道寬度	<12 米	
	店鋪數量	>200 家	
	人流出入口	>8 個	
	交通情況(公車線)	>5 條	
	街道成熟度	>3 年	
	覆蓋人群	>6000 戶	
人流車流情況	人流量(人/30 分鐘)		
	早上	>100	
	中午	>100	
	晚上	>200	
	車流量(輛/30 分鐘)		

續表

人流車流情況	早上	>20	
	中午	>20	
	晚上	>30	
競爭情況	典型競爭商店	>2 家	
加分項目	商業業態豐富性(註①)	有商超	
	社區服務的全面性	有學校或其他文化設施	
	商業業態快捷性(註②)	有便利店	
	交通優質程度	有地鐵或是輕軌站	
廻避情況	有大型在建工程		
	未來屬於政府拆遷區域		
評估級別	優秀：達到 15 項 良好：達到 12 項 合格：達到 9 項		
總評			
總監意見			

註①：商超主要爲二線品牌，如華聯、樂購、易初蓮花、百佳等

註②：便利店主要國內品牌，如好的、快客等

表 50　目標店面評估表

所在街道：　　　　　　　　　　　店面門牌號：

評估維度	指標	參數或標準	目標商店
商店外部	人流量(人/分鐘)		
	早上	>10	
	中午	>10	
	晚上	>20	
	車流量(輛/30分鐘)		
	早上	>20	
	中午	>20	
	晚上	>30	
	門前空地	>20平方米	
	左右隔壁	不得爲空鋪	
	店前臺階	<5級	
商店內部	使用面積	60～80平方米	
	招牌長度	>4米	
	招牌條件	無遮攔，可視性好	
	開間	>4米	
	建築結構	全部爲水泥或磚混承重牆	
	配套水電	電力負荷>10千瓦	
合約條件	租金	<6元/(平方米·月)	
	轉讓費用	<10萬元	
	簽約	>5年	
	租金增長狀況	<10%	
	物權	≦2手	
加分項目	店面在街道南面		
	租金比隔壁低		
	無轉讓費		
	前任店面經營狀況優		

續表

評估級別	優秀：達到 18 項 良好：達到 15 項 合格：達到 12 項	
總評		
總監意見		

調查時間：　　　　　　　　　調查人：

表 51　租賃條件表

<table>
<tr><td rowspan="6">基本資料</td><td colspan="2">地址</td><td></td><td></td><td></td><td>表單編號</td><td></td></tr>
<tr><td colspan="2">所屬區域</td><td>商圈類型</td><td></td><td></td><td>面積</td><td>□單層
□雙層</td></tr>
<tr><td colspan="2">所有權人</td><td></td><td></td><td></td><td>洽談對象</td><td></td></tr>
<tr><td colspan="2">洽談者身份</td><td>聯繫電話</td><td></td><td></td><td>簽約人</td><td></td></tr>
<tr><td colspan="2" rowspan="2">使用情況</td><td colspan="3">□空屋
□正使用，租約於　年　月　日到期</td><td>可入駐時間</td><td rowspan="2">年　月　日</td></tr>
<tr></tr>
<tr><td rowspan="9">洽談記錄</td><td rowspan="3">1</td><td>時間</td><td></td><td></td><td></td><td></td><td></td></tr>
<tr><td>方式</td><td></td><td></td><td></td><td></td><td></td></tr>
<tr><td>地點</td><td></td><td></td><td></td><td></td><td></td></tr>
<tr><td rowspan="3">2</td><td>時間</td><td></td><td></td><td></td><td></td><td></td></tr>
<tr><td>方式</td><td></td><td></td><td></td><td></td><td></td></tr>
<tr><td>地點</td><td></td><td></td><td></td><td></td><td></td></tr>
<tr><td rowspan="3">3</td><td>時間</td><td></td><td></td><td></td><td></td><td></td></tr>
<tr><td>方式</td><td></td><td></td><td></td><td></td><td></td></tr>
<tr><td>地點</td><td></td><td></td><td></td><td></td><td></td></tr>
<tr><td rowspan="2">最終條件</td><td colspan="2">租金</td><td></td><td></td><td></td><td></td><td></td></tr>
<tr><td colspan="2">其他條件</td><td></td><td></td><td></td><td></td><td></td></tr>
</table>

表 52　現場情況表

<table>
<tr>
<td rowspan="19">現
場
情
況</td>
<td rowspan="2">基本
資料</td>
<td>地　　址</td>
<td colspan="2"></td>
<td colspan="2"></td>
<td>表單編號</td>
<td colspan="3"></td>
</tr>
<tr>
<td>行政區域</td>
<td colspan="2"></td>
<td>商圈類型</td>
<td></td>
<td>變更使用</td>
<td colspan="3">□是　□否</td>
</tr>
<tr>
<td rowspan="3">建築
條件</td>
<td rowspan="2">共　　層樓；人行道寬：　米
　　　　馬　路　寬：　米</td>
<td colspan="2" rowspan="2"></td>
<td>騎　樓</td>
<td>□是　□否</td>
<td>屋　齡</td>
<td colspan="3">年</td>
</tr>
<tr>
<td></td>
<td></td>
<td></td>
<td colspan="3"></td>
</tr>
<tr>
<td>外　　觀</td>
<td colspan="2">□新　□舊</td>
<td>樓壁面</td>
<td colspan="2">□瓷磚　□水泥粉光　□金屬</td>
<td colspan="3">□石材　□其他</td>
</tr>
<tr>
<td rowspan="6">基礎
設施</td>
<td rowspan="2">水</td>
<td colspan="2">□自來水</td>
<td rowspan="2">衛　浴</td>
<td>□原有　□可增加</td>
<td rowspan="2">水　費</td>
<td colspan="3" rowspan="2">元/立方米</td>
</tr>
<tr>
<td colspan="2">□非自來水</td>
<td>□不可增加</td>
</tr>
<tr>
<td rowspan="2">電　表</td>
<td colspan="2">□獨立</td>
<td>電　表</td>
<td>□單相</td>
<td>最高</td>
<td>千瓦</td>
<td>電費</td>
<td>元/千瓦</td>
</tr>
<tr>
<td colspan="2">□分表</td>
<td>功　率</td>
<td>□三相</td>
<td>負載</td>
<td></td>
<td></td>
<td></td>
</tr>
<tr>
<td rowspan="2">電　話</td>
<td colspan="2" rowspan="2">□有　□否</td>
<td>寬　帶</td>
<td>□有　□否</td>
<td>服務</td>
<td colspan="3">□電信　□網通　□鐵通</td>
</tr>
<tr>
<td></td>
<td></td>
<td>公司</td>
<td colspan="3">□其他</td>
</tr>
<tr>
<td rowspan="4">一般
條件</td>
<td>空　　調</td>
<td colspan="7"></td>
</tr>
<tr>
<td>天　　花</td>
<td colspan="7"></td>
</tr>
<tr>
<td>地　　面</td>
<td colspan="7"></td>
</tr>
<tr>
<td>壁　　面</td>
<td colspan="7"></td>
</tr>
<tr>
<td rowspan="3">消防
安全</td>
<td>防　　火</td>
<td colspan="7"></td>
</tr>
<tr>
<td>避　　難</td>
<td colspan="7"></td>
</tr>
<tr>
<td>逃　　生</td>
<td colspan="7"></td>
</tr>
</table>

<table>
<tr>
<td rowspan="4">招牌
廣告</td>
<td>橫招尺寸</td>
<td></td>
</tr>
<tr>
<td>直招尺寸</td>
<td></td>
</tr>
<tr>
<td>騎樓尺寸</td>
<td></td>
</tr>
<tr>
<td>相關法規</td>
<td></td>
</tr>
</table>

續表

現場情況	店面情況	店面	□窄形　□寬形　□方形　□圓弧形 店面個數：＿＿＿個，商店總寬度：＿＿＿釐米
		閣樓	□無　□有　若有：□可拆　□不可拆
		樓梯	□無　□有　若有：□可拆　□不可拆
		室內	層高＿＿＿釐米　/最低梁下高＿＿＿釐米　/梁高＿＿＿釐米
	資料收集	提供：□相片＿＿＿張　□錄影帶＿＿＿卷　□平面、管線圖＿＿＿張	
	特殊情況		
	現場平面圖 1：100	不夠可另附紙張	

心得欄 _____

_____

_____

_____

_____

_____

18

家用電器連鎖業的選址體系

一、該城市電器連鎖店定位

該城市電器連鎖店定位三、四級市場連鎖，行政區域劃分，該城市電器連鎖將縣(含縣級市)稱爲三級市場，鎮(鄉)稱爲四級市場。該城市電器連鎖店選址在相應區域基本標準如下：

1.縣級連鎖店

該城市電器縣級連鎖店應設立於符合准入評分或戰略佈局意義縣鎮的核心商圈，在當地居民心中有較高知名度，商店面積在 600～1500 平方米之間，具體標準如下：

(1)縣級商店選址應在符合准入條件的縣城核心商圈或中心位置，轄區內不少於 20 萬居民，有較好的家電銷售氣氛。

(2)交通方便，與本城往返乘客上車下車最多的車站同一街道附近，或者在幾個主要車站的附近，步行不到 15 分鐘的街道。

(3)商店所處位置在當地有較高知名度，面積不低於 600 平方米，在 600～1500 平方米之間。

(4)店面選擇應臨主幹道，設在三岔路的正面，最好在拐角

的位置，位於兩條街道的交叉處。

(5)店外有充足促銷空間或者停車位，停放 20～50 輛容量。

(6)目標店一定要有突出的外觀形象、豐富的廣告位資源，如門頭和外牆等。

(7)賣場的結構要適合經營家電，無過多立柱、無死角，能夠按公司標準進行商品佈局和出樣，並能爲消費者創造一個良好的購物環境。

(8)租金較合理，原則上租金應控制在預期營業額的 2%以內。

2.鄉鎮連鎖店

該城市電器鄉鎮商店應設立於具有輻射性重點城鎮主街道，商店面積爲 300～1000 平方米之間，具體標準如下：

(1)鎮級商店選址應在符合准入條件的城鎮主要街道或中心位置，轄區內不少於 4 萬居民，有較好的家電銷售氣氛。

(2)交通方便，在當地車站附近，或者在幾個主要車站的附近，步行不到 15 分鐘的街道。

(3)商店所處位置在當地是必經之路，面積不低於 300 平方米，在 300～1000 平方米之間。

(4)店面選擇應臨主幹道，設在三岔路的正面，最好在拐角的位置，位於兩條街道的交叉處。

(5)店門口具有 30 平方米空地。

(6)目標店門頭應不少於 3 米，有可做牆體廣告外牆不少於 10 平方米。

二、拓展規劃與謀局布點

該城市電器選址體系的當前任務是圍繞拓展工作對經銷商店址進行科學、綜合評估，從而解決經銷商談判中店址價值評估尺度問題，並保證篩選出經銷商中最具增長潛力和發展意義的店址。

從該城市電器未來連鎖規劃來說，選址體系同時要爲未來區域、全國性擴張謀局布點進行數據和經驗儲備，以利未來連鎖開店、布點決策，併購和開店是該城市電器連鎖事業擴張的必由之路。

商店行業是植物性行業，立地點的好壞對未來營業額有舉足輕重的影響，因此，選擇好店，搶佔好點，並將點布成面，將是該城市電器連鎖企業發展的核心競爭力之一。在未來競爭可能加劇的態勢下，如何系統前瞻地進行全國謀局和布點規劃，在短期內快速建立星羅棋佈的商店，搶佔三、四級市場連鎖版圖，將是該城市電器連鎖企業全國成功關鍵，也是選址體系主要任務。

三、選址流程

1.區域市場調查流程

圖 17　區域市場調查流程

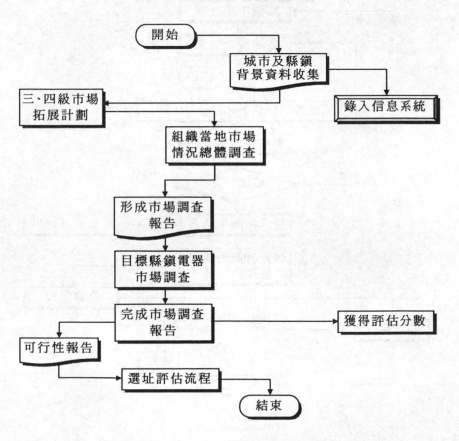

2. 拓展店址評分流程

圖 18　拓展店址評分流程

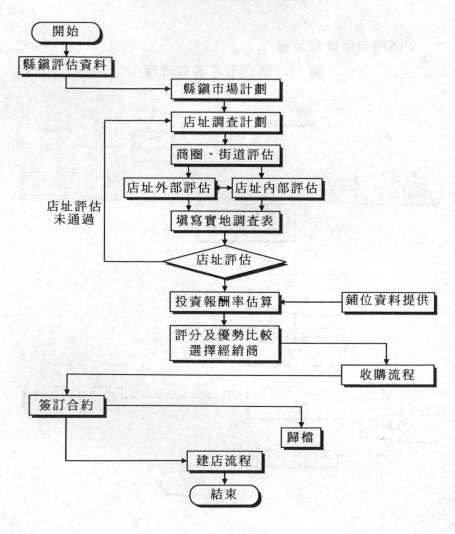

3.直營店選址流程

圖 19　直營店選址流程

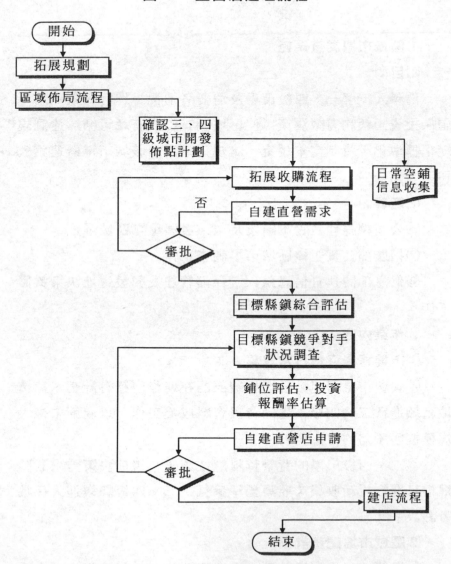

四、選址操作規範

1.區域市場調查規範

(1)目的

為深入瞭解三、四級市場及消費者情況，進行有效佈局，確保投資回報和有效決策，使區域調查工作有章可循，達到規範化標準化，特制定本規定。本規定適用於該城市電器連鎖公司拓展部。

(2)職責

①公司總經理負責本階段及未來發展重點區域選定。

②拓展部負責組織區域市場調查工作。

③信息部門負責信息錄入、存儲管理及開發選址決策軟體工作。

2.作業內容

(1)市場背景資料日常收集

①該城市電器連鎖公司相關部門在運作中應有計劃、持續地組織進行三、四級市場的背景資料收集工作，以儲備未來大規模擴展所需的信息資料。

②三、四級市場的背景資料應按照未來選址決策需求的關鍵信息進行規範收集，收集標準參見「三、四級縣鎮進入係數考評表」。

(2)區域市場調查計劃

①根據公司的拓展計劃，總經理在現有資料基礎上負責圈

選本階段發展之區域，拓展部負責當地三、四級市場的總體調查，以保證未來密集的開店或合作，形成佈局優勢。

②市場調查的原則：

a. 實事求是。在進行市場調查時，一定要尊重客觀實際，講究實事求是。對於那些調查數據與經驗數據相差比較大的情況，或者那些具有鮮明地域特色的情況，一定要仔細分析，深入調查，弄清原因。只有這樣，市場調查結果才會是客觀的、科學的，也將會是更準確的。

b. 要有針對性。對選定地區所進行的市場調查主要是從三個方面入手的，這其中對競爭對手的調查要有針對性，一般該城市電器連鎖選擇的是當地銷量位列前三名的商家。

c. 細緻、深入。市場調查工作需要花費大量的精力，同時又是至關重要的一項工作。參與該項工作的人員一定要做到細緻和深入，也就是調查得細緻、分析得深入，那怕有一點點模糊或疑問，都不能放過，只要能考慮得到的對該城市電器連鎖有用的數據和資料都應想盡一切辦法得到，並且要保證所有提供的結果的準確性。

⑶**市場總體調查**

①市場概況

市場總體調查主要側重於市場宏觀方面的調查，其中主要包括以下幾方面的信息：

a. 城市的自然情況

城市的自然情況包括地理位置、面積、人口、戶數、城區等等。以上信息可以通過統計局提供的數據和當地的地圖瞭解

到。

b.經濟指標

其中主要包括如下指標：國內生產總值、社會消費品零售總額、職工平均工資、居民可支配收入、物價總指數、在崗職工平均工資、居民可支配收入、人均儲蓄存款、消費性支出、恩格爾係數等等。以上信息的來源是當地的統計局編寫的統計年鑑。

c.電器銷售情況介紹

電器銷售情況介紹方面主要是介紹城市的商業概貌，商業的競爭情況，便於該城市電器連鎖在進入該市場以前，對當地的商業和競爭對手有個總體的認識。主要需要調查的數據包括該城市的商業零售額、主要經營業態、主要的商業企業及其競爭情況。獲取這些信息可以查閱當地政府的網站，或者是查閱地方誌。

d.主要商圈分佈

商圈分佈的情況，商圈消費的集中度、交通情況、市政建設規劃情況等等。

e.主要居民區分佈

居民區分佈的主要區域，各區人口的收入水準、年齡構成情況，交通情況等等。

f.有關消費者的調查

當地消費者的消費習慣及共性的消費心理等等。

②家電行業情況

對城市家電行業情況的調查分爲宏觀和微觀兩個方面。宏

觀方面主要是獲得家電市場總容量，以及每百戶擁有量。根據每百戶擁有量和當年或前一年的每百戶購買量，可以對下一年的購買趨勢作出預測。宏觀方面的數據可以通過查詢當地的統計年鑑獲得。微觀方面最好是能夠獲得上季或上年主要競爭對手的電器銷售數據。通常這樣的數據由當地的商業部門做統計和管理，一般不易獲得。

③競爭對手情況

對競爭對手的分析可以分不同的經營業態進行，在家電銷售行業的不同的業態中確定最有競爭威脅的業態，在其中找出最有競爭威脅的對手，並對之進行充分的調查和分析。要詳細分析競爭對手在當地的市場地位、市場的佔領情況、經營規模、競爭優勢、信譽度、產品策略、目標消費群體、購物環境、儲運、售後服務、開業後的發展趨勢等等。

④其他方面信息的調查

a.對政府相關政策的調查和瞭解，包括政府未來幾年內在房屋拆遷、道路拓寬等方面的市政規劃和具體措施，以及在行業調整和建設方面的大致規劃；

b.特色情況的調查，例如在付款方式上有些地區認可分期付款；

c.對購物方式發展導向的調查，例如對電子商店、網上購物等的接受和認可程度的調查瞭解；

d.當地的交通、道路狀況和運力水準。

對於上述數據和資料的來源，一般採用實地考察來獲得。其中 a 項內容非常重要，在考察時要引起重視。

⑷各電器市場調查

市場總體報告交連鎖總部，連鎖總部對該報告進行仔細的研讀，瞭解當地市場的主要情況後，針對當地市場的每一個電器市場進行調查。這次調查不同於市場總體的調查，應該更具有針對性，一是要針對相應的電器市場，二是要針對產品、品牌，三是要針對競爭對手，各電器市場調查要深入。

⑸統計分析

①數據的整理和統計

a.將所採集的數據加以分類；

b.將分類好的數據按類匯總；

c.根據分類匯總結果進行整理和統計，填寫「三、四級市場調查數據表」。

②審核分析

a.對統計的結果加以分析，並結合該城市電器連鎖的現狀和發展需要(更多的是拓展合作的需要)展開討論，找出其中對該城市電器連鎖有價值的數據；對於那些該城市電器連鎖需要的但是不能直接獲取的數據和材料，尋找獲取的方法。最後對該城市電器連鎖進入該市場的可行性及進入策略進行分析論證。

b.上述工作的完成必須是由參與調查的人員和拓展部相關人員共同參與，並進行討論和分析，對整理出的結果進行甄別與核實，對於不清楚的、遺漏的以及差別較大的數據或材料必須重新考察，務求準確、客觀，若其中的某些項目一時無法考察，必須註明，並向總部或相關部門求助。最終取得的數據和

資料都將可能會成為相應的標準。而這些標準（數據和資料）將
是未來某個區域連鎖發展規劃形成的主要依據，諸如：在某個
區域內，應該布幾個點，布在那些位置，採取什麼樣的經營方
式，規模應該有多大，分別經營那些品牌，戰略定位的大致方
針等等。

⑹**數據錄入與管理**

①拓展部對調查完成的結果應及時提交信息部門，總部組
織進行數據錄入，由信息部門根據三、四級市場選址數據庫進
行數據的匯總、完善。

②信息部門未來應在數據庫基礎上組織選址評估及決策軟
體的開發。

五、拓展店址評分流程

1. 目的

為配合拓展商店的選擇和收購，確保對經銷商店址進行科
學、綜合評估，從而解決經銷商談判中店址價值評估尺度問題，
並保證篩選出經銷商中最具增長潛力和發展意義的店址，特制
定本規定。

適用範圍：本規定適用於該城市電器連鎖拓展部。

2. 職責

⑴公司總經理負責經銷商店址的最終選定。

⑵拓展部負責組織區域市場調查工作和經銷商及店址綜合
評估工作。

(3)拓展收購小組負責經銷商談判和篩選。

3.作業

⑴確定市場開發計劃時間表

經過前期區域三、四級市場調查,拓展部應確定本年縣鎮市場開發計劃時間表,提交總經理。

⑵明確各地區合作經銷商名單

拓展部在市場調查基礎上明確各地區可合作經銷商名單,建立店址調查及談判計劃,組織實地調查。

⑶經銷商選址評估的要素

在前期的市場調查和論證完成後,明確制定三、四級市場的收購合作計劃,再進入實質性的選址評估階段,對經銷商選址評估工作必須把握四大核心要素:

①保密:經銷商選址評估應在保密的狀況下進行,當完成所有備選經銷商的店址評分後才進行經銷商的接觸,店址評分及人流測算等必須在保密情況下進行。

②位置:不論當地三級或四級市場經銷商經營能力和經營水準如何,其擁有賣場位置是首先考慮的要素,商圈、客流、交通便利、突出的形象、家電銷售氣氛是決定在三、四級市場經營成敗的關鍵。

③店面形象與賣場結構:備選合作店一定要有突出的外觀形象、豐富的廣告位資源,如門口有促銷空間,有牆體廣告;賣場的結構要適合經營家電,無過多立柱、無死角,能夠按公司標準進行商品佈局和出樣,並為消費者創造一個良好的購物環境。

④租金:瞭解經銷商及週邊店鋪的租金水準,並側面瞭解目標經銷商租約期限。

⑷**實地店址評估的組織**

①拓展部成立先期小組,在保密的情況下進入目標縣鎮進行經銷商評估,力爭在較短時間掌握所需的信息,爲談判爭取主動。

②拓展部應在店址評估前爲目標經銷商建立檔案,通過與該城市銷售部門合作進行經銷商個人資料及銷售狀況的瞭解。

③每個目標城市應建立不低於三家備選經銷商檔案及評估資料,先期小組應在規定時間完成計劃合作的三、四級市場經銷商評估資料,對店址低於公司三、四級市場電器連鎖店定位標準的,不可實際合作但可作爲談判籌碼進行資料準備。

⑸**經銷商店址位置調查評分**

先期小組應對當地商圈進行詳細調查,對目標經銷商商店地理位置評估使用「三、四級縣鎮商圈及位置狀況考評表」進行實地打分,如意向經銷商正籌備開新店或遷址,特殊情況須詳細說明。

⑹**經銷商店址調查評分**

①店址外部調查,先期小組應對目標經銷商商店進行實地走訪,填寫走訪記錄,對位址不佳但依靠經銷商努力積累而獲得一定經營業績的,不能給予加分。

②經銷商店址的內部調查,先期小組應對目標經銷商商店進行實地暗訪,應用目測及步測方法,對店址內部結構進行評估,填寫「賣場結構及設施考評表」。

(7)**填寫實地調查表**

根據調查所獲情況，進行實地調查報告的填寫，補充當地資料，包括主要、次要商圈和家電銷售集中的地帶，以及當地消費水準，明確店址所處地位及內部結構圖。

(8)**店址評分**

①根據目標經銷商實際情況對「三、四級縣鎮商圈及位置狀況考評表」、「賣場結構及設施考評表」進行評分，確定當地經銷商在店址上的優先順序。

②對目標經銷商店址所處商圈和店址評估任一項未超過公司規定的合格分值的，應予以關注，如經再次詳細評估仍不能達到公司規定標準的應予以淘汰。

③考察過程中發現更合適的店址或空鋪資源，先期小組應一併予以評估記錄，以便公司運作。

(9)**投資報酬率估算**

①先期小組完成目標市場的經銷商的評估後，總部將派出談判專家和財務人員與先期小組組成合作談判小組進行經銷商合作談判準備。

②先期小組應詳細介紹選址情況，談判小組人員應針對經銷商店址進行投資回報估算，判定該店址在當地是否具有戰略意義和稀缺性。

③考察目標經銷商聚客及知名度狀況：目標經銷商商店在當地已開辦一定時間，形成了較好的口碑的，需要從人流及營業指標上評估其聚客能力。

⑽**綜合比較**

①談判小組應對目標經銷商綜合評估因素進行合作評估和投資回報估算。

②合作中開發人員應以勤奮、嚴謹的工作態度和工作方法，充分體現該城市的實力和風貌，贏得合作對象的尊重和支持。

⑾**收購流程**

先期小組應詳細介紹選址情況，談判小組人員應針對經銷商綜合評估因素進行合作評估和投資回報估算。

⑿**簽訂合約**

①經銷商評估資料和合作方式在拓展部經理及財務經理簽字確認後，上交總部審核，審核後連同建築平面圖上報總部備案。

②獲得總經理批准後，與經銷商簽訂合作協議，並將簽訂後的合約原件一份寄回總部存檔，影本一份寄回總部營運中心存檔。

4.**規定**

以上規定部門必須嚴格執行，拓展部負責人要嚴格審核。總部將對選址過程情況進行檢查,發現弄虛作假者將嚴肅處理。

七、商店選址操作規範

1.**目的**

為配合拓展計劃，完成三、四級市場佈局及搶佔有利的戰

略位置，保證商店選址工作的品質，防止選址失誤帶來經營損失，規範自建直營店選址操作標準，特制定本規定。

2.職責

(1)公司總經理負責直營開店決策和店址的最終選定。

(2)拓展部負責組織區域市場調查工作和直營店選址及店址綜合評估工作。

3.作業內容

(1)拓展計劃制定

拓展部根據公司發展目標制定年拓展計劃，明確本年拓展店數、區域及經營目標，參見年拓展計劃。

(2)區域佈局

在年拓展計劃與預算明確後，如何系統前瞻地進行區域謀局和布點規劃，在短期內快速建立商店網路和運營規模，搶佔該區域絕對領導地位，將是該城市電器連鎖拓展成功關鍵。區域佈局依據有以下幾點：

①聯片開發：縣、鄉鎮分佈廣，單個市場容量小。這些特性造成開發單個市場的成本很高，很費力，而得到的收穫非常有限。該城市電器連鎖開發三、四級市場採取聯片開發策略，一下子開發一個省內的大多數相鄰縣市，形成相對規模，才能攤薄成本，實現贏利，為保證聯片開發及控制，需要在關鍵位置自建一定直營店。

②同類型三、四級市場開發：三、四級市場幅員非常遼闊，各地市場的差異性非常大，各地區的文化、風俗、經濟發展水準都迥然不同，通過設計三、四級類型市場劃分指標，可將同

類三、四級市場經營模式複製和快速開發。

③物流配送中心規劃：為保證區域整體運營效益，該城市電器連鎖將進行系統物流規劃，配送中心設立論證後，可依據配送中心覆蓋範圍進行商店開發。

④農村包圍城市戰略實施：該城市電器連鎖拓展要持續強化三、四級市場的競爭優勢，同時要防止大型家電連鎖滲透三、四級市場，需要和戰略地位較高的市場進行搶點。

⑶**自建直營店需求**

區域佈局及合作拓展受阻均需要該城市電器連鎖啟動自建直營店，拓展部將需要直營店建設需求報總經理決策會議論證審批，經充分論證後進行籌建。

⑷**直營選址程序**

在選址時一定要本著縣鎮准入→商圈→店鋪結構條件、租金順序考慮的原則，首先要明確在那個縣鎮適合開店，其次是在該區域內選擇適合做家電賣場的地點、商圈（某條街、某個路段），第三是將符合結構要求要求的鋪位以最低的租金談下來。

⑸**縣鎮准入評估**

三、四級市場由於特性，應本著「那些縣條件成熟，就先開發那些縣」的原則，對於還不成熟的縣鎮，可以暫緩開發，或者以較小的力度開發，把資源集中到條件成熟的縣。

①縣鎮准入評估的經濟指標主要有城市總人口、人均GDP、城鎮居民人均可支配收入、城鎮與農業人口比例等。

②縣鎮評估還需綜合當地電器銷售與商業運作的情況，參見「三、四級縣鎮進入係數考評表」。

③通過「三、四級縣鎮進入係數考評表」，低於 60 分的縣鎮原則上應不進入，除非公司出於戰略上考量可適當加分，評估「物流及溝通輻射狀況評估表」。

⑹**商圈、街道選址評估**

連鎖店的選址儘量選擇在核心商圈、商業主幹道，儘量靠近核心位置，不要選擇商圈的末端。儘量選擇交通四通八達、客流量大、人氣旺的核心商圈（或街道）。

①目標商店所處商圈、街道需要符合公司規定條件，該城市電器連鎖店選址在相應區域基本標準如下：

a.縣級連鎖店：該城市電器縣級連鎖店應設立於符合准入評分或戰略佈局意義縣鎮的核心商圈，在當地居民心中有較高知名度，商店面積在 600～1500 平方米之間，具體標準如下：

縣級商店選址應在符合准入條件的縣城核心商圈或中心位置，轄區內不低於 40 萬居民，有較好的家電銷售氣氛。

交通方便，與本城往返乘客上車下車最多的車站同一街道附近，或者在幾個主要車站的附近，步行不到 15 分鐘的街道。

商店所處位置在當地有較高知名度，面積不低於 600 平方米，在 600～1500 平方米之間。

店面選擇應臨主幹道，設在三岔路的正面，最好在拐角的位置，位於兩條街道的交叉處。

店外有充足促銷空間或的停車位，停放 20～50 輛容量。

目標店一定要有突出的外觀形象、豐富的廣告位資源，如門頭和外牆等。

賣場的結構要適合經營家電，無過多立柱、無死角，能夠

按公司標準進行商品佈局和出樣，並能為消費者創造一個良好的購物環境。

租金較合理，原則上租金應控制在預期營業額的 1%以內。

b.鄉鎮連鎖店：該城市電器鄉鎮商店應設立於具有輻射性重點城鎮主街道，商店面積為 300～1000 平方米之間，具體標準如下：

鎮級商店選址應在符合准入條件的城鎮主要街道或中心位置，轄區內不低於 10 萬居民，有較好的家電銷售氣氛。

交通方便，在當地車站附近，或者在幾個主要車站的附近，步行不到 15 分鐘的街道。

商店所處位置在當地是必經之路，面積不低於 300 平方米，在 300～1000 平方米之間。

店面選擇應臨主幹道，設在三岔路的正面，最好在拐角的位置，位於兩條街道的交叉處。

店門口具有 20 平方米空地。

目標店門頭應不少於 3 米，有可做牆體廣告外牆不少於 50 平方米。

②通過市政規劃瞭解城市現狀及未來的發展和變化，以確認店址在未來數年內不被拆遷。

⑺**賣場結構及設施評估**

店面條件應滿足公司的基本要求，參見「賣場結構及設施考評表」。

①面積：600～1500 平方米(不含辦公區、庫房等臨界營業面積)。

②樓層（優先次序）：（如有特殊情況須詳細說明）

a. 主一層無臺階。

b. 主一層帶地下一層。

c. 地下半層。

d. 主一層帶二層。

③結構：

a. 以適合於商場經營的框架結構爲首選。

b. 以獨立經營的房屋爲主，力求避免店中店。

④層高：賣場內淨空高度 3～4 米。

⑤通道：至少有兩部步行梯通往不同樓層，每部寬度不應低於兩米，步行梯應位於明顯位置。如有電動扶梯更佳。

⑥庫房：如有配套庫房 100 平方米左右更佳，可確保存貨安全，提貨便捷。

⑦設施：

a. 應有符合消防標準的消防設備及附屬設備。

b. 應有符合標準的煙感報警系統。

c. 符合標準的照明系統。

d. 常規供水系統。

e. 獨立使用並可向顧客開放的洗手間。

f. 足夠的電話線路。

⑧停車位：商場前應具備 10 個以上停車位。

⑨免費提供門前充足的促銷活動場地（200 平方米或以上）。

⑩商場外部形象：

a.商場正面寬度應不少於 30 米。

b.商場正面應免費提供不少於 300 平方米的廣告位置，用於設立企業招牌及提供給廠家製作產品廣告。

c.商場正面應可獨立裝修，突出該商場統一的Ⅵ標誌。

d.商場側面和樓頂應盡可能多地爭取廣告位。

⑪供電能力（在不含冷氣機和自動扶梯的前提下）：600～1500 平方米不低於 100 千瓦。

⑫租賃資質：

a.出租方必須具備房屋產權、出具產權證明。

b.出租方必須具備房屋出租權，出具房屋出租許可證，並承擔納稅責任。

c.出租方必須是獨立法人單位，具備獨立對外簽署租賃合約的資格或有上級授權。

d.出租方必須具備獨立進行物業管理和房產維修能力。

e.出租方必須允許承租方對承租場地進行獨立裝修，封閉管理，自主經營。

⑬其他要求：

a.對承租方的經營給予支援和配合，出具必要的證明、辦理相關手續。

b.出租方不得將同址其他場地租賃給承租方經營範圍相同的商家經營。

c.出租方應有能力幫助承租方處理與當地主管機關的公共關係。

d.在同等房屋條件下，力爭最低的租金價位。

e.出租方的房屋租金不能有租金年遞增要求(根據談判條件制定)。

f.營業面積有擴大空間的,在同等條件下,優先考慮。

g.一般情況下,租期應在 5～8 年。

⑻**人流量測算方法與規則**

①人流量測算是對於可選賣場聚客情況的客觀認識,如新店選址並未在核心商圈或縣鎮中心,則應進行人流量測算和對於人流品質的觀察判斷,才可能客觀地呈現預定點(或商圈)是否具有開發價值。新店選址呈報總部連鎖發展部評估之前需要測算人流量。

②人流量測算的原則:

a.遵守選址指導書的人流量測算規則及方法;

b.對於數字,應真實、準確、可靠;

c.對於數字不得有任意更改(如有市場特殊情況,應及時提供具體說明);

d.要確保測算人員對測算有正確的認識,並瞭解測算的方法和操作。

③人流量測算規則及方法:

a.測算的時間為週一至週五(其中兩天),每天的測算時段為早上 8:00～晚上 10:00;

b.在進行測算的兩天內,應避免法定節假日;

c.統計的人流,應當是店址一側,經過店址主入口正前方的人流。

④在下列情況下,可將店址對面人流的 50%計入總人流量:

　　a.店址正前方的道路寬度小於雙車道，且道路中間沒有任何障礙和隔斷；

　　b.選址正前方的道路是步行街且中間有障礙間斷性的隔斷（如花台等），但是，該步行街必須是由政府確認的，並且至少在今後兩年內不會改變，若有任何特殊情況，請說明；

　　c.將道路對面人流的 50%計入總人流量。則總人流量的計算如下：

$$總人流量＝店址－側人流量＋店址對面人流×50\%$$

　　⑤在下列情況下，可將店址對面人流的 100%計入總人流量：

　　如果店址正前方為步行街，且步行街中間沒有任何障礙，則可將對面人流全數計入。總人流量的計算如下：

$$總人流量＝店址－側人流量＋店址對面人流$$

　　⑥在下列情況下，不得將店址對面人流計入總人流量：

　　除步行街外，若馬路中間有障礙存在，則一律不得統計對面人流。則總人流量的計算如下：

$$總人流量＝店址－側人流量$$

　　⑦只有當店址附近 100 米範圍內有總計不小於 100 平方米的自行車停放區時，才可以統計自行車流量。

　　將自行車流量的 50%計入總人流量。則總人流量的計算如下：

$$總人流量＝步行人流量＋自行車流量×50\%$$

　　在數摩托車時請使用以上規則（同自行車一樣）。

　　⑧開發人員觀察與分析人流品質：

瞭解人流的品質是該城市電器連鎖開發工作的重要組成部份。開發人員應於不同的時段前往新址查看人流情況，一般分為上午、中午高峰時段、下午、傍晚高峰時段、晚上等幾個時段前往觀察。這樣才能全面掌握該店一天的人流品質情況。

⑨在前往觀察人流的同時，應注意以下事項：

a.從人的衣著及外表試著判斷經過該店門前的人流中屬於城市人口的百分比。

b.試著判斷經過該店門前的人流的年齡層次情況，判斷 12～40 歲之間的人所佔整個人流的百分比。

c.判斷經過該店門前的人流動線方向，該店是否處於人流動線上，判斷經過該店門前的人流來此地的目的何在，來此的主要目的是何種，所佔百分比情況。

⑼**自建直營店申請及審批**

①店址立項：

a.選址小組上報立項材料，包括：該城市可選賣場、該城市賣場、競爭對手分佈態勢圖；可選賣場的位置及商流圖（標註週邊商場、競爭對手、街道、車道數、公車站位置、公車數量、客流方向及多少等）；可選賣場的所處商圈照片、賣場外立面照片（全景）、廣告位位置示意圖、內部結構照片、賣場建築平面圖（須標明我方租賃面積）、週邊商場照片等；完整的調查分析報告，包括選址情況分析表、全套附件的可選賣場調查表格。

b.拓展部出具初步評估意見並向總經理提交立項申請報告，總經理核准。

②年經營情況預測表及租賃合約審批：

通過立項的店址拓展部儘快編制上報租賃合約和年經營情況預測表。

a.對拓展部上報的年經營情況預測表，由總部營運中心和物流部修正後，由總部財務中心對各項數據進行匯總修正，修正後的年經營情況預測表報營運副總經理／總經理審核後由分部在該店開業後嚴格執行。

b.對上報的租賃合約，由拓展部進行初審，總辦法務部進行復審，未獲通過的合約分部應按總部修改意見與甲方再次談判進行修改，並再次提交總部審核，合約審核通過並經營運副總經理、總經理簽署意見後報公司總經理審批。

⑩合約簽訂

獲得總經理批准後，由拓展部立即和業主簽訂房屋租賃合約，並將簽訂後的合約原件一份寄回總部總辦存檔，影本一份寄回總部營運中心存檔。在簽約當天將簽約通知單傳回總部營運中心。

表53 縣基本狀況數據匯總表

序號	調查項目	單位	數量	序號	調查項目	單位	數量
1	總人口	萬人		25	家庭戶數	戶	
2	農業人口	萬人		26	戶均人數	人	
3	16～25歲	萬人		27	去年結婚數量	對	
4	25～35歲	萬人		28	城市總面積	萬平方公里	
5	36～55歲	萬人		29	縣鎮面積	萬平方公里	

續表

6	城鎮從業人員	萬人	30	縣鎮人口密度	人/平方公里	
7	私營企業從業人員	萬人	31	家用電器零售總額	億元	
8	國內生產總值	億元	32	縣鎮家用電器零售商	家	
9	固定資產投資總額	億元	33	電器賣場數量	個	
10	消費品零售額	億元	34	單品類銷售額鄉鎮家電經銷數量		
11	GDP 增長率	%	35	縣鎮電器賣場總面積	萬平方米	
12	人均 GDP	元	36	每平方米年產出	萬元	
13	人均收入	元	37	冷氣機專賣店數量	家	
14	商品房在建面積	萬平方米	38	手機專賣店數量	家	
15	商品房均價	元	39	電腦專賣店數量	家	
16	公車線路	條	40	冰洗專賣店數量	家	
17	線路運行總里程	公里	41	A 類商圈底商租金	元/(平方米・天)	
18	年運載量	人	42	B 類商圈底商租金	元/(平方米・天)	
19	計程車保有量	輛	43	C 類商圈底商租金	元/(平方米・天)	
20	機動車保有量	輛	44	地方報紙	家	
21	私車保有量	輛	45	地方廣播電臺	家	
22	自行車保有量	輛	46	地方電視臺	家	
23	交通線路(長短途)	條	47	文化活動及趕集日		
24	交通線路運行總里程	公里	48	發展趨勢		

表 54　縣鎮進入係數考評表

序號	維度	100	80	60	40	0	權重	評分	得分
1	城市總人口	100 萬以上	80～100 萬	60～80 萬	40～60 萬	40 萬以下	15%		
2	城鎮與農業人口比例	40%以上	35～40%	25～35%	20～25%	20%以下	10%		
3	商品零售價	高於全國平均價格 10%以上	高於全國平均價格 1～10%	等於全國平均價格	低於全國平均價格 1～5%	低於全國平均價格 5%以下	10%		
4	主要家電年銷售額	年銷售額 1 億元以上	8000～1 億元	6000～8000 萬元	5000～6000 萬元	年銷售 5000 萬元以下	10%		
5	家電銷售行業競爭情況	價格競爭活動不多或不強,商場位置較好,裝修檔次一般	有一定的價格競爭活動,商場位置好,裝修檔次較高,與家電廠家的關係不好	價格競爭活動頻繁,商場位置非常好	價格競爭活動較多,商場位置非常好,裝修檔次一般,與家電廠家的關係好	裝修檔次高,與其他家電廠家的關係非常好	5%		
6	媒體情況	本地媒體的收視率、閱讀率、收聽率 60%以上,集中影響面廣	本地媒體的收視率、閱讀率、收聽率 40% 以上,影響面較廣	本地媒體的品質不高,收視率、閱讀率低	本地媒體的品質不高,收視率、閱讀率低	沒有有線電視等媒體	10%		
7	活動及趕集日	常年有本地特色的產品博覽會或交易會,獨特的當地文化節日等	有本地特色的產品博覽會或交易會,獨特的當地文化節日等	每月有定期的趕集日	每季/年有定期的趕集日	沒有本地特色的產品博覽會或交易會,沒有獨特的當地文化節日等	5%		

8	城鎮未來發展方向	未來本區域經濟、金融、商貿、旅遊、文化、服務、交通樞紐、物流中心	本區經濟、商貿、文化、服務、交通樞紐	大型礦產開發和專業化工業產品製造重鎮	城鄉接合部,衛星居住城市	以傳統農業爲主	5%	
9	政府開放程度	沒有地方保護主義,辦事程序簡單,廉潔勤政	有一定程度的地方保護主義,辦事程序比較複雜,效率較高	地方保護主義嚴重,辦事程序複雜,效率低	地方保護主義嚴重	地方保護主義嚴重	3%	
10	市政基礎設施	配套發達	基礎設施齊全但品質不高	城市基礎設施不齊全		配套不全,品質差	2%	
11	人力資源	當地連鎖零售商業、家電生產銷售企業多	當地零售商業企業人才或家電銷售公司人才較多	當地商業企業人才較多		當地零售商業企業人才或家電銷售公司人才少	5%	

主管核實與意見: 城市狀況考評結果:很好( ) 較好( ) 一般( ) 不好( ) 綜合此城市狀況,在該城市市場准入考評的結果是: 宜早開店( ) 適宜開店( ) 延期開店( ) 不能開店( )		綜合得分	
		填表人	
		填表時間	

表 55　物流及交通輻射狀況考評表

序號	維度	100	80	60	40	0	權重	評分	得分
1	地理位置	位於兩核心城市中間，距離50公里	位於兩省交界處多條國道通過	位於兩省交界處，一條國道通過	輻射週邊10個縣鎮		20%		
2	物流配送中心規劃	配送中心所在地	距規劃30公里	距規劃50公里	距規劃80公里	不在規劃內	30%		
3	本區是否有鐵路、碼頭	同時有鐵路、水運碼頭	同時有鐵路大運脈通過				10%		
4	當地的長短途交通線路數量	25條以上	15～25條線	8～15條線	8條線以下		10%		
5	平均出站時間	80%以上每5～10分鐘一趟	65～80%每5～10分鐘一趟	50～65%每5～10分鐘一趟		50%以下5～10分鐘一趟	10%		
6	半小時交通輻射人口	200萬以上	150～200萬	100～150萬	80萬～100萬	80萬以下	10%		
7	車線路經過區域半徑3公里內該城市已開賣場數量	84個	5～8個	3～5個			10%		

主管核實與意見：	綜合得分	
註：本城市狀況考評結果：很好(　)　較好(　)	填表人	
一般(　)　不好(　)	填表時間	

表 56　三、四級縣鎮商圈及位置狀況考評表

序號	維度	100	80	60	40	0	權重	評分	得分
1	商圈/街道情況	僅一個複合商圈(街道)	有多個專業商圈(街道)	有多個複合、專業商圈(街道)	自創商圈		10%		
2	本商圈級別	核心商圈/主街	次商圈/次要街	衛星商圈/背街		零商圈	10%		
3	商圈內各類商場的營業面積	10000～15000平方米	6000～10000平方米	6000平方米以下			5%		
4	適用家電商場面積	3000～4000平方米	2000～3000平方米	2000平方米	1000平方米		10%		
5	商圈各類商場的年銷售額	5億元以上	3～5億元	2～3億元	1～2億元	1億元以下	5%		
6	商圈內電器連鎖競爭	無電器連鎖	三家電器經銷店	當地較有名氣的地方電器連鎖店	有國美或蘇寧電器連鎖店	同時有電器連鎖店	20%		
7	商圈購物群體狀況	本地購物人群佔85%以上	本地購物人群佔65～85%	本地購物人群佔50～65%	本地購物人群佔50%以下		10%		
8	本賣場離該商圈中最大人氣最旺的商場距離	與最大人氣最旺的商場連體或上下層近貼經營	與最大人氣最旺的商場50米內，或對面經營	與最大人氣最旺的商場100米內，對街或拐角經營	與最大人氣最旺的商場100米外，不在同一條街道經營		10%		

續表

| 9 | 電器購買主要形態 | 潮流式購物 | 添置式購物 | 置業式購物 | | | 10% | |

主管核實與意見： 商圈狀況考評結果：很好( )　較好( )　一般( )　不好( ) 綜合此城市狀況，在該城市市場准入考評的結果是： 適宜開店( )　延期開店( )　不能開店( )	綜合得分
	填表人
	填表時間

註：1.本「商圈狀況」的考評結果採取加權法，85分以上爲很好，75～85分爲
　　　較好，65～75分爲一般，65分以下爲不好。

　　2.本「商圈狀況」在整個選址評估各要素中所佔權重爲20分。

　　3.「複合商圈」：指該商圈同時經營日用百貨、服裝鞋帽、餐飲服務、家用
　　　電器等各類產品。

　　4.「專業商圈」：指該商圈主要經營日用百貨、服裝鞋帽、餐飲服務、家用
　　　電器等其中某一大類產品。

　　5.「自創商圈」爲原本無商圈，根據調查分析及根據城市發展規劃，認爲
　　　可自己開發的商圈或與其他行業聯合進入新的城市規劃區來重新創造新
　　　商圈。

　　6.「零商圈」指該賣場不在任何商圈的範疇內。

心得欄

表 57　賣場結構考評表

序號	維度	100	80	60	40	0	權重	評分	得分
1	門頭長度	>8 米	6～8 米	4～6 米	3～4 米	<3 米	10%		
2	可用門面長度	>8 米	6～8 米	4～6 米	3～4 米	<3 米	10%		
3	賣場樓層	主一層無臺階	主一層帶地下一層	地下半層	主一層帶二層		10%		
4	賣場樓層結構	框架結構，通透性強，中間只有立柱，沒有拐角、死角	框架結構與板塊房屋型結構相結合，大約20%的面積有隔牆或死角		板塊房屋型結構，50%以上的面積有隔牆或死角		10%		
5	賣場外牆位置	賣場處十字路口，兩面外牆臨主街道70米以上	賣場單面外牆臨主街道50～70米	賣場單面外牆臨主街道30～50米	賣場單面外牆臨主街道15～30米以下		10%		
6	賣場外空地/停車位	200 平方米以上	150～200平方米	100～150平方米	80～100平方米	80 平方米以下	10%		
7	賣場入口及通道	兩個以上臨街出入口，店中店對正入口，有 2 米左右寬的步行通道	兩個出入口，店中店2米左右寬的步行通道	只有一個臨街出入口	有一個 2 米寬的步行樓梯		5%		
8	賣場廣告位	外牆 300 平方米以上廣告位或內部 200 平方米以上廣告位	外牆 150～300平方米廣告位或內部100～200 平方米廣告位	外牆 50～150 平方米廣告位或內部 50～100 平方米廣告位	外牆 50 平方米以下廣告位或內部50平方米以下廣告位		10%		

9	賣場樓層高度	單層吊頂後3.5米以上，或複式淨高6.5米以上	單層吊頂後3～3.5米	單層吊頂後2.5～3米	單層吊頂後2.5米以下		5%	
10	賣場供電	180千瓦以上	150～180千瓦	100～150千瓦	100千瓦以下		5%	
11	賣場結構可調整性	可大面積隨意調整	只能局部調整		基本上不能調整		10%	
12	其他設施衛生間	有				沒有	1%	
13	消防設備及輔助設備	有				沒有	2%	
14	有10條以上電話線	有				沒有	1%	
15	供水系統	有				沒有	1%	

主管核實與意見：	綜合得分	
註：本「賣場結構及設施」的考評結果採取加權法，85分以上爲很好，75～85分爲較好，65～75分爲一般，65分以下爲不好。城市狀況考評結果：很好（　）　較好（　）　一般（　）　不好（　）	填表人	
	填表時間	

心得欄 -

- -

- -

- -

- -

- -

19

店長的培訓診斷

一、店長培訓項目

　　根據店長的職位要求設置課程，使店長掌握必需的技能，以便更好地接手新工作。

表 58　**店長集中培訓課程表**

培訓課程	培訓方式	計劃課時(H)	備註
崗位工作職責	□培訓	0.5	
店長工作流程與規範	□培訓　□演練	4	
開店流程與規範	□培訓　□演練	2	
會議管理	□培訓　□演練	1	
外部拓展技巧	□培訓　□演練	1	
目標與計劃管理	□培訓	1	
時間管理	□培訓	1	
商店選址流程與操作規範	□培訓	2	
領導力培訓	□培訓　□演練	2	
店長能力提升課程	□訓練	4	

店長需要接受的培訓包括兩種方式：集中培訓和日常訓練。

集中培訓需要在總部進行，如表 58 所示：

日常訓練需要在商店完成，如表 59 所示：

表 59　店長日常訓練課程表

訓練課程	訓練形式		完成週期	備註
店長工作流程與規範	□閱讀資料	□實際操作	八週	
開店工作流程與規範	□閱讀資料	□實際操作	四週	
外部拓展技巧	□訓練講解	□實戰演練	四週	
會議管理	□訓練講解	□實戰演練	兩週	
目標與計劃管理	□訓練講解	□實戰演練	兩週	
商店選址流程與操作規範	□閱讀資料	□實際操作	兩週	
競爭對手調查	□市場調查		一週	
工作改善報告	□論文報告		一週	

二、培訓履歷使用説明

1.使用説明

店長培訓履歷使用週期爲四個月，受訓者必須在此期間按時完成各項培訓和訓練內容，完備各項培訓和訓練記錄。

店長培訓履歷使用期間，將由輔導員每月對其日常訓練表現進行評估，並填寫「日常訓練表現評估表」，輔導員每月將「日常訓練表現評估表」及時複印，傳真或 E-mail 至人力資源部存檔。

⑴文件：日常訓練表現評估表

　　培訓履歷使用結束之前，由區域經理對受訓者在任職期間的工作表現進行綜合評估，完成「工作表現評估表」，並交至人力資源部存檔，作爲對受訓者的培訓考核評估的一項依據。

⑵文件：工作表現評估表

　　店長培訓履歷的順利完成，並且各項課程通過考核，將表明受訓者已經能夠勝任該崗位，具有了進一步晉升的基礎。

　　區域經理負責跟蹤店長培訓履歷進度情況，及時調整和改善。

表 60　店長集中培訓記錄表

姓名：　　　　　　　編號：　　　　　　　商店：

課程	培訓形式	培訓日期	講師簽名	成績
崗位工作職責	□培訓			
店長工作流程與規範	□培訓　□演練			
開店流程與規範	□培訓　□演練			
會議管理	□培訓　□演練			
外部拓展技巧	□培訓　□演練			
目標與計劃管理	□培訓			
時間管理	□培訓			
商店選址流程與規範	□培訓			
領導力培訓	□培訓　□演練			
店長能力提升課程	□訓練			

表 61　店長日常訓練記錄表

姓名：　　　　　　　商店：　　　　　　　輔導員：

訓練課程	訓練形式	完成日期	訓練師 (簽名)	區域經理 (簽名)	評估
店長工作流程與規範	□閱讀資料 □實際操作	八週			
開店工作流程與規範	□閱讀資料 □實際操作	四週			
外部拓展技巧	□訓練講解 □實戰演練	四週			
會議管理	□訓練講解 □實戰演練	兩週			
目標與計劃管理	□訓練講解 □實戰演練	兩週			
商店選址流程與操作規範	□閱讀資料 □實際操作	兩週			
競爭對手調查	□市場調查	一週			
工作改善報告	□論文報告	一週			

2. 培訓履歷課程記錄説明

　　培訓履歷上的課程是店長在崗位上必須接受的培訓和訓練課程，同時，導購必備的知識與技能，店長必須熟練掌握，並能很好帶領團隊做好店面的銷售工作，做好商店的全面管理工作，同時也能夠培養優秀員工。

表 62 日常訓練評估表（月）

姓名： 　　　培訓期間： 　　　編號：

評估人： 　　　　　評估日期： 　　　總計：

	0.0	1.0	2.0	3.0
主動性	沒有在家電零售業工作的主動性、熱情及態度，需要他人給予壓力	有時有主動性，有學習的動力，但沒有個人目標	有主動性，對日常工作不需要等其他人要求	總有自我動力來達到目標，將培訓與任務目標結合起來
	0.0	1.0	2.0	3.0
溝通能力	很難進行清晰的溝通	能夠與同事及其他員工溝通	溝通很好，能夠與所有級別的員工溝通	溝通非常好，能夠抓住談話的要點
	0.0	1.0	2.0	3.0
團隊合作	不能與同事、導師及其他員工一起工作以達成目標	能夠進行團隊工作，雖然有時顯得有些被動	能夠與同事、導師及其他員工一起工作以達成目標	能夠與同事、導師及其他員工一起工作以達成目標並起到積極影響
	0.0	1.0	2.0	3.0
知識掌握	沒有足夠的知識，總是不能理解培訓資料甚至不能回答適當的問題	足夠的知識，能夠理解培訓資料並知道如何提問	令人滿意的知識，容易吸收並理解培訓資料	令人滿意，理解所有相應的知識
	0.0	1.0	2.0	3.0
穩定性	不能在艱苦的環境或有壓力的情況下工作及受訓，容易恐慌	足夠冷靜，但有時面對壓力沒有耐心	能夠面對工作壓力並且試著尋找解決問題的方法	堅強，能夠清楚、冷靜地解決所有問題

續表

	0.0	1.0	2.0	3.0
工作 效率	總是不能在時限內完成任務	有時會在時限內完成任務	所有任務都會按計劃完成，有時會提前完成	所有的任務都會完成，而且總是提前完成
	0.0	1.0	2.0	3.0
出勤 情況	缺勤，且不能接受	有時缺勤有時遲到	總是準時	總能及時到崗並做好工作準備

標準、

單項：0.0不可接受　　1.0可接受，需改進　　2.0好　　3.0出色

總分：0～4不做評價　　5～9不令人滿意　　10～13可以接受

　　　14～17好　　18～21出色

備註：＿＿＿＿＿＿＿＿＿＿＿＿＿＿＿＿＿＿＿＿＿＿＿＿＿

輔導員：　　　　　　　　相關導師：（店長）

日期：　　　　　　　　　日期：

⑴集中培訓課程記錄

集中培訓的每門課程完成後，由該門課程的培訓講師在「集中培訓記錄表」上簽名確認，並填寫該門課程的考核成績。

受訓者在任職期間接受的其他課程的培訓應由其他課程的培訓講師補充填寫在「集中培訓記錄表」中。

⑵日常訓練課程記錄

日常訓練的每門課程完成後，由受訓者的輔導員及區域經理在「日常訓練記錄表」上簽名確認，並填寫該門課程的評估結果。

作為日常訓練課程之一，受訓者在商店工作期間，向區域

經理上交工作改善措施報告，根據工作改善措施報告進行小組會談，由區域經理進行最終評估。

3.角色與職責

⑴受訓者（店長）

①遵循店長成長階段及培訓流程，進行培訓；

②保持積極進取的工作態度；

③關心公司和商店的相關信息。

⑵區域經理

①負責店長在該商店的培訓及工作；

②指導、管理及控制知識及崗位培訓的進程；

③定期與店長會談，並填寫評估報告；

④在每個培訓階段與店長進行會談及鑑定，確保培訓計劃的順利執行；

⑤參與小組會談，並最終評估決定店長是否能勝任。

⑶輔導員（一般是區域經理、資深店長等）

①制定和執行店長培訓計劃；

②在整個培訓期間評估受訓者的崗位培訓報告；

③評估培訓成果並瞭解每位受訓者的進步。

20

商店收銀作業規範

收銀員作業規範是對收銀作業的每項工作內容提出具體要求。這些要求因賣場不同、顧客不同，會有一定的差異，各零售業應根據自己的實際情況進行選擇。

收銀員作業規範的內容應包括：收銀員作業守則、收銀員結算作業規範、收銀禮儀規範、處理各種支付手段規範、收銀員裝袋包裝作業規範、收銀員離開收銀台的作業規範、營業結束後收銀機的管理規範、購物折扣作業規範、本店員工的購物管理規範、收銀機發票使用的規範、收銀員對商品的管理規範、收銀時價格確認作業規範、商品調換和退款管理規範、營業收入的作業管理規範、收銀錯誤的作業管理規範。

一、收銀作業守則

現金的收受處理是收銀員相當重要的工作之一，這也使得收銀員的行為與職業道德格外引人注意。為此賣場必須制定收銀員收銀作業守則。

以下爲收銀員在執行收銀作業時必須遵守的一些守則：

1. 收銀員身上不准攜帶現金

收銀員在作業時，如當天帶有大額現金，並且不方便放在個人的寄物櫃時，可請店長代爲存放在店內金庫。

2. 收銀台不可放置任何私人物品

收銀台隨時會有顧客付款，或臨時刪除購買的品項，若有私有物品放置在收銀台，容易與顧客的貨物混淆，引起他人的誤會，但茶水除外。

3. 收銀員不可擅自離崗

收銀櫃檯內有金錢、發票、禮券、單據等重要物品，如果擅自離崗，將使品行不端者有機可乘，造成店內的損失。而且當顧客需要服務時，也可能因爲找不到工作人員而引起抱怨。

4. 收銀員不能為自己的親朋好友結賬

這樣做既可避免收銀員利用職務上的方便，以比原價低的價錢登錄至收銀機而謀利親友，同時也可避免引起不必要的誤會。

5. 收銀員不可任意打開收銀機的抽屜

收銀員不可任意打開收銀機的抽屜查看數字或點算金錢。當眾點算金錢也容易引起他人注目，造成安全上的隱患。

6. 收銀員不可嬉笑聊天

應隨時注意收銀台前的動態，如有任何狀況，應及時通知主管處理，如有不啓用的收銀通道也必須用鏈條圍住。

此外，收銀員應熟悉賣場的服務政策、促銷活動、當期特價品、重要商品的位置以及各種相關信息。收銀員熟悉了上述

各種規範及信息，除了可以迅速回答顧客的詢問，也可主動告知，促銷店內商品，讓顧客有賓至如歸、受到重視的感覺，同時還可以提升商店的業績。

二、收銀禮儀規範

在賣場中，收銀員可以說是顧客接觸較多的人員，在等待收銀的過程中，顧客會默默地注視著收銀員服飾禮儀。在收銀過程中，顧客則會親身體驗收銀員的舉止語言，所以賣場應對收銀員的禮儀予以規範，以給顧客良好的印象，同時也展示出超市的品牌形象。以下為收銀禮儀規範的一些基本內容：

1. 收銀員儀容規範

女性收銀員的頭髮和髮型不給人以奇異的感覺，不留特殊的髮型。需要考慮與服裝是否相稱，是否均衡。禁止用遮上臉面的髮型或遮上眉毛的長髮，因為看起來都不順眼。需要向上或橫梳，使頭髮整潔，披肩的長髮要用紅、黑、茶色絲帶紮起來，向上整整齊齊地紮好，以利於工作。頭髮要經常用梳子梳好，不給人以亂的感覺。

男性收銀員的頭髮要注意清潔，禁止梳蓋到衫衣領口的長髮或使人感到厭煩的長髮或極端長的長鬢角。禁止留鬍鬚。

2. 收銀員的服飾規範

收銀員的服飾禮儀應以整潔、大方、大眾化、穩重為原則。

女性收銀員制服式裙子的長度要適合工作，極端的短或不自然的長，都不便於活動，要行動自如。裙子要穿黑色、灰色、

藏青色、茶色、綠色無花紋的或者接近這種顏色的裙子。內衣的領子和毛衣等都不要露出來。襪子要穿長襪或者白色短襪，光腳對顧客不禮貌，就鞋來說，高跟鞋、長筒鞋、木屐、運動鞋都不適合工作。涼鞋鞋後跟要有帶。對襟毛絨衣要穿藏青黑色平針織的毛絨衫，一定要扣上扣子。除此之外的奇異服裝，事先要申報商店管理部門，得到許可方可穿戴。

男性收銀員禁止穿極端花哨的、帶花紋的服裝。襯衣可以穿顏色較淡(淺)的，禁止穿紅、紫、橘紅等顏色的襯衣。除上述的顏色外，極端濃(深)色的也應禁止。還有，毛夾克等織物的花紋太顯眼的，用花型水珠等印出來的花紋布，用紅、紫、橘紅、藍、黃色等極端顯眼的花紋、格子和透過條帶可以看見的，都不要用。領帶一定要用領帶別針。除此之外的奇異服裝，要事先申報商店的管理部門取得許可。

3.語言規範

收銀員在收銀時不應只做一個收錢的機器，而應以極其熱情友善的語言來對待顧客，除了將「請」、「您」、「謝謝」、「對不起」等隨時掛在嘴邊之外，還應掌握以下一些語言禮儀，並在合適的場合下表達出來。

4.舉止行為規範

(1)收銀員在工作時，應保持笑容，以禮貌、主動的態度來接待和協助顧客的付款。在與顧客應對時，必須帶有感情色彩，不能冷若冰霜，表情僵化，或帶有厭煩感。

(2)收銀員不能當面指責顧客的錯誤，應以委婉禮貌的口氣向顧客解說。

(3)收銀員在任何情況下均應控制自己的情緒，不要與顧客爭執。

(4)收銀員之間不應閒聊或大聲呼叫。

三、收銀結算作業規範

收銀結算作業包括歡迎顧客、商品登記、收取顧客貨款、找錢、商品入袋以及送客等程序，其規範見表 63。

表 63　收銀結算作業規範

步驟	收銀標準用語	配合的動作
①歡迎顧客	·歡迎光臨	·面帶笑容，與顧客的目光保持接觸 ·等待顧客將購物籃或是購物車上的商品放在收銀臺上 ·將收銀機的活動螢幕面向顧客
②商品登錄		·左手拿取商品，並找到條碼，如沒有就找出其代碼 ·右手持掃描器，掃描商品的條碼，如無條碼，則輸入其代碼，以便正確地登錄在收銀機內 ·登錄完的商品必須與未登錄的商品分開放置，避免混淆 ·檢查購物車底部是否還留有尚未結賬與未掃描登錄的商品
③結算商品總金額，並告知顧客	總共××元	·將空的購物籃從收銀臺上拿開，疊放在一旁 ·若無他人協助裝袋工作時，收銀員可以趁顧客拿錢時，先行將商品裝袋，但是在顧客拿現金付賬時，應立即停止手邊的工作

④收取顧客支付的金錢	收您××元	·確認顧客支付的金額，並檢查是否爲假鈔 ·將顧客的現金以磁鐵壓在收銀機的磁片上 ·若顧客未付賬，應禮貌地重覆一次，不可表現不耐煩的態度
⑤找錢給顧客	找您××元	·找出正確的零錢 ·將大鈔放下面，零錢放上面，雙手將現金連同發票交給顧客 ·待顧客沒有疑問時，立刻將磁片上的現金放入收銀機的抽屜內並關上
⑥商品裝袋		·根據裝袋原則，將商品依序放入購物袋內
⑦誠心地感謝	謝謝！歡迎再度光臨	·一手提著購物袋交給顧客，另一手托著購物袋的底部。確定顧客拿穩後，才可將雙手放開 ·確定顧客沒有遺忘購物袋 ·面帶笑容，目送顧客離開

四、裝袋包裝作業規範

收銀員在爲顧客提供裝袋服務時，有以下規範：

1.選擇合適尺寸的購物袋。

2.不同性質的商品必須分開裝袋，例如生鮮與乾貨類、食品與化學用品、生食與熟食等。

3.遵守裝袋程序內容如下：

(1)重、硬的商品放在袋底。

(2)正方形或長方形的商品放在袋子的兩側，作爲支架。

(3)瓶裝及罐裝的商品放在中間。

(4)易碎品或較輕的商品放在上方。

4.冷藏(凍)品、豆類製品、乳製品等容易出水的食品,肉、魚、蔬菜等容易滲漏流出汁液的商品,或是味道較爲強烈的食品,應先用其他購物袋包裝妥當之後再放入大的購物袋內。

5.確定附有蓋子的物品都已經蓋緊。

6.貨品不能高過袋口,避免顧客不方便提拿。

7.確定公司的傳單及贈品已放入顧客的購物袋中。

8.裝袋時應將不同客人的商品分清楚。

9.體積過大的商品,可另外用繩子捆綁,方便提拿。

10.提醒顧客帶走所有包裝好的購物袋,避免遺忘在收銀臺上。

心得欄

21

商店收銀員的排班管理診斷

零售業賣場的營業時間比較長，大致從早上 9 點到晚上 10 點，有的零售業甚至會提早至早上 7 點半，晚上延伸至午夜 12 點，中間沒有任何休息。一天營業 11～15 小時，已超過一位員工的正常上班時數（8 小時）。

因此，爲了配合零售業的營業時間，必須將賣場內現有的收銀員依據店內的營業情況和收銀員個人的因素予以輪班及輪休安排，以爲顧客提供最佳的服務。零售業收銀作業排班可根據以下因素進行排定。

1.根據營業時間的長短排班

營業時間的長短是排班的主要考慮因素之一。若營業時間爲 11 個小時左右者，可安排 2 個班次；超過者，則可安排 3 個班次。

例如，營業時間爲上午 9：00～22：00，可安排早班（上午 8：30～17：30）及晚班（13：30～22：30）；若營業時間爲 7：30～22：00，可安排早班（上午 7：00～16：00）、中班（10：00～19：00）及晚班（13：30～22：30）。

2.根據各時段的顧客數量排班

　　儘管在營業時間內，隨時都有顧客光臨，但是顧客通常集中在某幾個時段，也就是零售業的高峰營業時間。例如：在辦公區的超級市場，中午午餐時間和下午 4～7 時的下班時段人潮較多；而一般位於郊區的零售業，在早上以及晚上新聞或電視連續劇結束之後也會出現一波人潮。

　　因此，在高峰時段必須安排較多的人手，以緩解顧客等待收銀結賬的壓力。例如：可增加中班人員(10：00～19：00 或 11：00～20：00)，以應付下班的購物人潮。

3.根據節假日和促銷期排班

　　遇到週末、法定假日、寒暑假、民俗節慶或者是零售業實施促銷計劃的期間，零售業的營業狀況往往會比平日要好，不僅顧客人數較多，每個客人的平均購買金額也會較高。尤其在促銷期間，還必須配合贈送優惠券、印花或摸彩等活動。因此，在特殊的時令或假期，必須在排班上做一些變動，或設法將收銀員的休假調開。

4.考慮正式及兼職收銀員的人數比例

　　在安排班次及各班次的值班人數時，除了必須考慮上述 3 項因素以外，還要考慮現有的正式和兼職收銀員的人數。這不僅是編制的問題，還涉及人事成本的考慮，以符合零售業的經營原則。

　　一般而言，正式收銀員皆經過完整的訓練，熟悉零售業的整體收銀作業；而兼職人員只擔負了部份工作(結賬及裝袋服務)，工作時間也只有 4 小時左右，大部份是由現場人員隨機指

導。因此在排班時，每一班次都必須有正式人員值班，負責執行其他收銀作業、現金管理和特殊情況的處理等；在高峰時段或假日，則可彈性安排兼職人員，以配合營業需要。

在綜合權衡上述 4 項因素之後，收銀作業排班即可以一週或一個月爲基準，排定「收銀人員排班表」（如表 64），並張貼在公佈欄或打卡（簽到）處，以方便收銀人員查閱。

表 64　收銀人員排班表

班次代碼	時間	人員	人數	備註
A1	80：00～12：00	兼職	3	無工作餐時間
B1	10：30～19：00	兼職	10	有工作中餐時間 30 分鐘
A2	15：00～19：30	兼職	5	有工作晚餐時間 30 分鐘
A3	15：30～21：00	兼職	2	有工作晚餐時間 30 分鐘
B2	17：00～23：00	全職	10	有工作晚餐時間 30 分鐘

心得欄 ----------------------------

22

商店收銀員的現金診斷

對於「現金交易」的銷售行為，必須嚴加管制，尤其是在賣場的「現金交易」行為，最容易產生弊端。

賣場的銷售，對於記錄現金銷售，應使用開具發票的收銀機，再與存貨管理相聯結，形成控制；尤其在存貨管理上，若搭配科技工具（如收賬的掃描器、貨架上各商品的電腦條碼等），不只可控制「現金銷貨」之可能弊端，更大幅提升公司經營績效。

賣場現金管理的工作重點如下：

1.利用賣場的收銀機系統，建立稽核功能

收銀機固定於賣場的出入口，不可移動的特性，使現金管理更有效率；再者，收銀機上的銷售記錄，亦是設定人員的現金保管責任。在實務上，使用收銀機仍然有管理盲點，例如「無意或蓄意的輸入價格不對」等。針對「無意的錯誤」，此缺點可運用訓練加以克服；針對「蓄意的錯誤」，此缺點之克服，在陳列品宜實施全面性的商品號碼，另再配合主管的不定時稽查收銀台的作業狀況。

2.每筆商品交易均應逐筆開立「交易發票」

以收銀機而言,有「一般收銀機」與「發票收銀機」兩種。使用「發票收銀機」,等於是每筆交易都開立發票,超市對交易都進行逐筆的控制。

3.信用卡付款,也要慎防員工舞弊

信用卡刷卡消費銷售方式已是非常普遍,但是公司銷售人員以自己的信用卡來替顧客付款,卻將現金放入自己的口袋,是一種嚴重的現金挪用舞弊行為。雖然信用卡發卡銀行會將款項匯入公司戶頭,對銷貨額沒有影響,但公司會損失手續費和現金延後收到的計算利息損失。公司對此行為沒有妥當的處理,可能會產生更多的弊端。

為確定現金收入金額與信用卡收入金額的合計數,應等於發票總額,除了每天核對會計記錄與銀行帳戶資料外,還可與顧客聯絡以確定其所付款項與發票金額是否相符,以及付款方式。如發現異常現象,要立即查出原因,對有疏失的員工加以處理。

4.使用商品條碼方式來控制

在收銀台處,使用掃描「商品條碼方式」來結賬,可以達到避免「短收現金」的管理;此外收銀結賬多以條碼方式,更有助於收銀台的工作改善。

5.收銀台的現金回收管理

收銀台由於現金累積速度快(尤其是在大賣場或旺季時),在管理上,單店作業要定時或定量回收,以防止意外發生。而多店式作業,總店會在某一時段,對各店的現金另做回收管理,

以防止損失。

6.收銀人員的教育訓練

賣場的現金管理，以收銀台為重點。因此，應針對收銀人員實施教育訓練，確保工作流程的正確性；守法的堅定觀念，在平時即要加以教導；此外，人員交班的現金結賬、主管的稽查、盤點等，都是教育訓練的重點。

7.每天賬務核對

賣場的收入包括有現金、記賬卡、信用卡、禮券、提貨券、支票、各國的通行貨幣等。必須將每天的現金收入金額，與電腦上的賬務資料相核對，才能掌握現金流程的管理依據。

8.現金存入銀行

營業所收的現金，每天應主動存入銀行，以減少保管風險；至於大賣場現金更多，則有必要協助銀行到賣場收款。無法立即存入銀行的特別時機（例如節假日），則應事先備妥保險櫃設備，及安全的保管設施，以避免現金損失的可能性。

9.定期或不定期的盤點貨品

為了防止現金銷貨記錄產生不當或重大錯誤，可在每天、每週、每月，在業務終了時，實地盤存，掌握每天每樣物品的銷售數量，計算銷貨額，與當天或該週的現金收取額核對。亦即依據所謂的盤存法，掌握銷貨數量，核對現金收取額，以確認銷貨全部加以記錄。此法僅能適用於物品數少、物品規格化或者銷售單價高的企業，並非所有的企業都能夠實施。

23

收銀作業的常見問題與對策

收銀作業中常見的問題有：收銀錯誤、掃描異常、發票作廢、清換零鈔、收銀累計有盈餘等問題，其處理要點如下：

一、收銀錯誤的處理

在收銀作業過程中，發生收銀錯誤是難免的，即便是使用POS 系統進行結算，由於條碼的模糊、不平整以及系統故障等問題，也會發生收銀錯誤。在具體作業過程中，關鍵是當發生收銀錯誤時，應採取何種措施進行補救。常見的收銀錯誤主要有四種：結算顧客貨款時的收銀錯誤；顧客攜帶現金不足；顧客臨時退貨；營業收入收付時發生的錯誤。面對上述情況，收銀員應採取一定的措施及時進行補救，將負面影響減少到最低程度。

其中，在營業收入收付發生錯誤時，為了減少零售業收銀工作中的舞弊行為，無論多收或少收，都應由收銀員自行負責，以增強其責任心，嚴重的，不僅要通報批評，而且要辭退。

表 65　收銀錯誤發生的情況及處理

發生情況	如何處理
1.為顧客結算發生收銀錯誤時	①真誠地向顧客道歉，解釋原因並立即予以糾正 ②如果收銀單已經打出，應立即收回，並將正確的收銀單雙手遞給顧客，並因耽誤顧客時間而再次向顧客道歉 ③請顧客在作廢的結算單上簽字，並登記入冊，請值班經理簽字作證 ④向顧客的合作表示感謝
2.顧客攜帶現金不足	①當顧客發現隨身攜帶的現金不足以支付選購的商品時，應好語安慰，不要使顧客感到難堪，並建議顧客辦理不足支付部份的商品退貨。如果已經打好結算單，應將其收回，重新為顧客打一份減項的結算單
3.臨時退貨的處理	①如果顧客臨時決定退貨，應熱情、迅速地為顧客辦理退款手續 ②作廢結算單的處理程序與上相同
4.營業收入收付發生錯誤時	①收銀員在下班之前，必須核對收銀機內的現金、購物券等營業收入的總額，再與收銀機結出的累計總貨款進行核對，兩者不符時，收銀員應將差額部份寫出書面報告，解釋原因 ②如果貨款短缺，應根據收銀員的工作經驗，分析出是人為因素造成的還是非控制因素造成的，以決定收銀員是部份賠償或全部賠償 ③如果實收金額大於應收金額，說明收銀員多收了顧客的貨款，會在顧客中造成壞的影響，直接影響到超級市場的形象，應責令收銀員支付同等的多收金額，以示懲戒

二、掃描異常的處理

掃描異常主要是因商品條碼有問題而出現問題，其處理的原則是迅速解決，以滿足顧客購買的需求。常見的掃描異常處理如下：

1.無條碼掃描

收銀員應要求賣場管理人員檢查確定無條碼商品的正確條碼，儘快通知收銀員進行此次交易；同時檢查餘貨商品，將無條碼的商品補貼正確的條碼。

2.出現雙重條碼

收銀員應要求管理人員決定使用那一個條碼，並儘快通知收銀員進行此次交易；樓面對餘貨進行處理，使另一錯誤的商品條碼完全失效。

3.出現錯誤條碼

掃描後系統的商品品名與實物不符，收銀員應要求管理人員找出正確的商品條碼，並儘快時間通知收銀員進行此次交易；樓面檢查餘貨及其他商品的條碼是否正確。

4.出現無效條碼

條碼未在系統的信息庫中，如確認屬於新條碼代替舊條碼，第一時間通知收銀主管用新條碼進行此次交易；樓面如無法確定條碼，收銀主管則用價格方式進行此次交易；樓面則將餘貨退貨給供應商或請求採購部處理。

三、發票作廢的處理

1.作廢發票記錄本應為一式二聯，其中一聯可隨同作廢發票轉會計或其他相關部門，另外一聯可由收銀部門自己留存。

2.若將作廢的發票遺失，即不能辦理發票作廢，應成為收銀員的收銀短缺，由收銀員自行負責，以免收銀員借此舞弊。

3.作廢發票記錄本上的任何記錄及簽名必須準確填寫。所有作廢發票的辦理應在營業總結賬之前辦理妥當，不可在結賬後才補辦發票。

4.若同一筆交易有三張發票，只有其中一張發生錯誤時，應將三張發票同時收回一併辦理作廢，再重新登錄三張發票。

四、請換零鈔處理

收銀員所持有的各種紙鈔硬幣是為了維持賣場每天正常的找零工作，財務人員對其控制是相當嚴格的。尤其是一些不法分子以換零錢為由，運用各種手法詐騙金錢，使超市蒙受損失。因此收銀員對顧客額外的請換零錢，應婉言拒絕。但對於店內設有公共電話、兒童遊樂器、存包處等需要用硬幣的設施，可以給顧客兌換硬幣，但應建議其到服務台辦理，以便於合理控制及免於打亂收銀秩序。

此外，為了找零的方便，收銀員也應儘量要求顧客補齊零頭，以便找整數，減少找零的壓力，但不可強行要求。如顧客

應付款是 725 元，收銀員收到顧客 1000 元鈔票，此時可要求顧客再付 25 元，即實收顧客 1025 元，以便找給顧客 300 元，而不是 275 元，既加快了收銀速度，又減輕了找零的壓力。

五、收銀累計有盈餘的處理

收銀員下班前，必須先核對收銀機內的現金、準現金和當天事先收入金庫的大鈔的合計數，再與收銀機結出的累積總賬條上的應收數額核對。

若兩者金額不符，且差額(不論是短缺或盈餘)超過一定額度時(此數額可依各賣場的營業狀況決定)，應由收銀員撰寫報告書，說明短缺或盈餘的原因。

1.若是金額短缺，主管可依據收銀員個人的工作經驗、收銀機當天收入的金額，分析短缺是否人為造成，以決定是否應由收銀員賠償或是部份賠償該筆缺額。

2.如果發生盈餘的現象，亦即實收現金超過應收現金時，也應由收銀員支付同等的金額。因為當現金出現盈餘時，也相對表明有顧客多支付了購物金額，將有損於零售業及員工的形象，使顧客不願再度光臨。

因此，為了保證收銀員在執行任務時的正確性及專業性，在金錢收支方面，不論是出現盈餘還是短缺，都應由收銀員自行負責，以強化收銀人員的責任感，並減少舞弊行為的產生。

24

商場營業收入的診斷

一、充實設備提高收益性

商店要提高生產力時，由於人也佔了相當的比例，所以不能不同時注重資本問題。光線充足、清爽、寬敞舒適的店面，最能夠招攬客人。而這類店面和沒有經過重新裝潢的店面比較起來，當然所投入的資本也比較多。十年前搭健、未行重新裝潢、設備未有更新的店面，與才剛重新裝潢的店面比較起來，當然往來顧客的進出也有所不同。

$$生產性 = \frac{生產}{投入} \begin{cases} 勞動生產性 = \dfrac{生產額}{勞\quad動} \\[2mm] 資本生產性 = \dfrac{生產額}{資\quad本} \end{cases}$$

勞動生產性是生產額與勞工的關係，所以可以分解如下：

$$勞動生產性 = \frac{銷貨收入(附加價值)}{員工人數}$$

$$= \frac{有形固定資產}{員工人數} \times \frac{銷貨收入(附加價值)}{有形固定資產}$$

$$\begin{array}{l} 平均\,1\,人的\\ 銷貨收入 \end{array} = (勞動裝備率) \times (設備投資率)$$

　　要提高每一個人的平均銷貨收入，就必須注重員工的素質。假設員工素質沒有問題的話，要提高平均每個人的所用設備，就必須充分利用所有設備才行。

　　勞動裝備率主要是製造業所使用的一種比率，但是，經由機器設備與員工人數的比例也可以看出，平均每一個員工能擁有多少的機器、設備。如果引進高性能的機器，就可以提高生產額。機械化的資本集中生產，要比手工的勞力集中生產更能提高生產性，同時也能有更高的械器持有率（即勞動裝備率）。

　　另外，設備投資率是有形固定資產與銷貨收入的比例。有關資本效率的優劣，系視固定資產週轉率而定。而投資設備時，若光是引進高性能的機器，而不能有效運用的話，投資就毫無意義。所以，一般都以設備投資率，來評估設備所發揮的效率。

二、以賣場面積來觀察

　　勞動裝備率和設備投資，那一項才是製造業較常用的比率呢？我們知道，投資於店面的裝潢，可提高生產性。那麼這兩個比率，應屬淺顯易懂的用語。

　　這麼說雖然過於籠統，但暫且把有形固定資產試算成店鋪的賣場面積。

　　商店的固定資產足以店鋪本身及展示架為主，除此之外的固定資產，若能以金額來計算就可以了。要將店鋪及住家部份用金額計算出來是相當麻煩的事，此時若能以面積統一計算，則較能掌握住實際狀況。

$$\frac{銷貨收入}{員工人數} = \frac{店鋪面積}{員工人數} \times \frac{銷貨收入}{店鋪面積}$$

要提高平均每位員工的銷貨收入，就必須增加平均每位員工的賣場面積及提高賣場效率。我們可以將平均每位員工的賣場面積，換算成勞動裝備率，及將賣場效率換算成設備投資效率即可。和勞動裝備率及設備投資率一般，即使平均每位員工的賣場面積增加，只要賣場效率惡化，這個數字也就不具任何意義。

總而言之，所謂賣場效率，也就是要在提高平均每坪銷貨收入的同時，再增加平均每位員工的賣場面積，才能達到提高生產力的效果。

三、充實賣場以提高生產力

表 66 所示為 S 商店改裝前後的比較。改裝後，賣場面積由 20 坪(66 平方公尺)增為 25 坪(83 平方公尺)，增加了 25%。同時，銷貨收入也由 100000 千元增至 120000 千元，增加了 20%。那麼，有關生產力的部份又有什麼樣的變化呢？

改裝前平均每位員工的銷貨收入為 16667 千元，改裝後則增至 20000 千元。這究竟是平均每位員工賣場面積增加所致，還是由於平均每坪運用效率提高的緣故呢？讓我們來分析檢討看看。

表 66　S 商店改裝前後生產力之比較

項目	改裝前	結構比	改裝後	結構比
銷貨收入	100000 千元	100.0%	120000 千元	100.0%
銷貨毛利	30000	30.0	40000	33.3
人事費用	15000	15.0	16000	13.3
其他營業費用	13000	13.0	16000	13.3
營業費用合計	28000	28.0	32000	26.7
營業利益	2000	2.0	8000	6.7
每位員工銷售額	16667 千元		20000 千元	
每位員工店鋪面積	3.3 坪		4.2 坪	
每坪銷貨收入	5000		4800	
每位員工銷貨毛利	5000		6667	
勞動分配率	50%		40%	
店鋪面積	20 坪（66m²）		25 坪（83m²）	
員工人數	6 人		6 人	

　　平均每位員工的銷貨收入，是平均每位員工的賣場面積與每坪銷貨收入的乘積。

　　改裝前：16667≈3.33 坪×500 千元

　　改裝後：20000≈4.2 坪×4800 千元

　　可以說改裝之後，平均每位員工的銷貨收入增至 20000 千元的原因，在於平均每人的賣場面積增加所致。平均每坪的營業收入，雖然由改裝前的 5000 千元減為改裝後的 4800 千元，且由於平均每位員工的營業面積由 3.3 坪增至 4.2 坪，所以平

均每位員工的營業收入還是增加了。沒有增加員工人數，借著
店鋪的擴大與設備的充實，提高了平均每位員工的銷貨收入及
銷貨毛利。同時，由於達到了節省人事費用的目的，也提高了
生產力。總之，充實設備並有效運用以提高生產力，是控制人
事費用的最佳對策之一。

25

商店績效的評估與提升

一、核心概要

　　對於大多數店鋪的經營者來說，定期對商店的經營績效進
行評估，把各種經營績效的項目及程序規格化、標準化，不但
可以及時掌握商店績效的情況，還可以就績效評估的結果進行
改進，減少浪費，增加利潤。而當發現營業狀況不理想，甚至
出現虧損時，可以及時根據商店的實際情況制定扭虧為盈的措
施，扭轉敗局。

　　商店績效評估是指為實現商店的整體目標，通過一定的評
估方法來衡量商店日常營運所表現的結果，以檢查經營目標的
達成情況。而且，通過相應的績效評估，可以瞭解商店的運營

情況和未來發展趨勢，並進行必要的改進和完善工作，如對虧損店的扭虧為盈工作等。

表 67　商店績效評估標準的條件

條件	說明
必須具有挑戰性及可達成	有挑戰性的績效標準，一方面可以配合營業競賽激勵員工達成；另一方面可激發員工的潛力。績效標準必須是員工的能力所能達成的，否則就會失去意義，甚至會削弱員工的士氣，產生反效果。
經過管理者及執行者雙方同意	績效標準必須經過高層管理者、績效審核者及店鋪執行主管的共同研究調整，沒有經過雙方同意的績效標準，將無法發揮自身作用。原因在於，由營業部門所提議的績效標準不一定能顧及整體的需求，而高層主管的意見則容易忽略執行細節與實施的困難，所以一定要綜合兩方的意見，尋求雙方利益的平衡點。
具體而且可以考評衡量	績效標準必須能夠數量化，無法數量化的標準在審核時，會引起不必要的困擾及爭端。如果以個人意見或經驗來衡量，結果一定會因為不容易計算而使員工產生不滿的情緒。
必須有明確的時間限制	績效標準應該附帶明確的時間期限，如以每個月的銷售額作為標準。
簡單易懂，便於計算	如牽涉到獎金，必須有一個可計算的公式，以減少因為計算困難而產生的糾紛，績效標準必須使營業人員方便計算。
有助於持續改善	必須對下一次的考評有可比的效果，才有意義。如果沒有持續比較的功能，只能用於特殊事件，那就不適合作為一般的經營績效標準。

二、商店績效評估的項目指標

商店績效評估的項目,是用來衡量經營績效、成功關鍵因素或衡量工作服務品質及成果的。績效項目的評估必須容易理解,計算方式固定,能反映實際情況,而且不受外部條件的影響。

表 68　常用的商店績效評估項目

評估項目	說明
營業額	根據不同的時間來記錄,比如每日、每週、每旬、每月、每季或每年的營業額;也有以特別的活動,比如說週年折扣活動期間的營業額作為考評項目的。這是最常用的經營績效考評項目。
利潤額	利潤額一般指毛利額、淨利額及投資報酬率。毛利指營業額扣除成本費用後的稅前毛利額,這種考評項目雖然比較偏財務方面,但也是營運中追求的重要指標。毛利扣除稅金後的淨額,才是商店實際賺取的利潤,也就是營運的成果。但是,淨利的計算較為複雜,往往不是營業部門所能計算的,多半由財務會計部門在季末計算。
費用額	指維持運作所耗的資金及成本,一般包括租金、折舊、人事費用、營運費用等。一個高營業額的商店,如果費用也高,就會抵消它的利潤,與經營績效關係最直接的就是營業費用。
成長率	指與歷史數據的比較,通常是與去年同期的數據比較,比如營業額成長率、市場佔有率、重要商品成長率等。

續表

業績 達成率	一般商店都會在新年開始前制定不同的營業目標，銷售額與預定目標的比例即為達成率，由達成率可以知道實際的銷售狀況。
空間效益	將營業額除以商店的面積數，由此可以看出每單位空間所提供的效益。但是面積小的賣場效益會比較高，如百貨公司內的專賣店，所以此項僅為參考，不能作為主要的績效考評項目。
員工貢獻 效益	營業額除以營業人數，由此可以看出每位員工的平均績效。但這不是客觀而公平的評估項目。
商品效率	指退貨率、損壞率、商品週轉率、平均庫存等與商品有關的績效項目。商品效率雖然和營運有間接關聯，但是可以由這些考評項目審核營運的品質。
銷售分析 資料	指來店客數、平均客單價及時段營業額等的店鋪銷售資料。

三、具體應用

商店績效評估是一個持續的管理過程，也是一種防止商店績效不佳和提高商店績效的工具，必須由管理者和員工以共同合作的方式來完成。

商店績效的評估有以下三種形式：

1.月評估：每月考評一次並提出報告。

2.季評估：每季綜合當季各月成績評估。

3.年總評：每年綜合當年各季成績評估。

其評估流程如圖 20 所示。

圖 20 績效評估流程圖

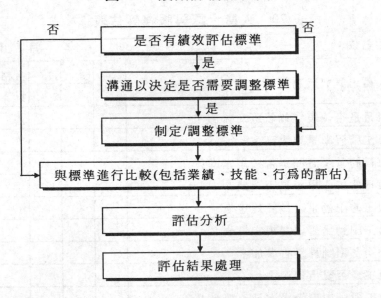

具體而言，商店績效評估有表 69 所示的幾種方法。

表 69 商店績效評估的方法

評估方法	說明
實地評估	由評估小組到各商店現場評估。
資料評估	依據財務部門等提供的有關資料評估。
抽查評估	利用不定期抽查或以神秘顧客的身份到各店進行調查。
競賽評估	由評估小組針對促銷活動進行綜合評估，評估結果列入年總評估中。
顧客滿意度評估	通過電話訪問、問卷兩種調查方式，對顧客就顧客滿意度的相關內容進行調查及評估。

　　店鋪經營績效的例行評估包括對人員士氣與服務、商品管理、環境整潔月和財務管理四個方面的評估分析。

表70　人員士氣與服務評估表

評估對象：＿＿＿＿＿＿＿店　　　　　　　　　年　　月　　日

項目	人員士氣與服務評估	評分	優 3	良 2	合格 1	差 0
1	每月是否依規定輪值班、休假？					
2	員工請假率是否太高？					
3	每日的營業時間是否按規定進行？					
4	每日的工作早會是否召開？					
5	員工的出勤是否按照規定？					
6	員工出勤是否根據規定打卡？					
7	公司各項訓練是否參加？					
8	員工是否愛惜資源？					
9	員工對店內設備操作是否熟悉？					
10	員工的服裝儀容是否合乎規定？					
11	員工是否穿著規定的制服？					
12	是否有迎客及送客招呼？					
13	對待顧客是否親切有禮？					
14	是否發生觸犯賣場禁忌的事項？					
15	員工的服務態度是否主動？					
16	員工是否熟悉應對用語及技巧？					
17	員工的個人物品是否放置在指定位置？					
18	是否按規定填寫表單並確實執行？					
19	店長是否每日填寫店長日誌？					
合計得分						

表 71 商品管理評估表

評估對象：＿＿＿＿＿＿店　　　　　　　年　　月　　日

項目	商品管理評估	評分	優 3	良 2	合格 1	差 0
1	商品是否按先進先出原則處理？					
2	報廢損耗商品是否填入報表？					
3	商品進貨明細及單據是否保存完整？					
4	店鋪是否有商品缺貨而員工不知的情況？					
5	進貨的商品整理是否依分類置於指定處？					
6	儲物架是否存在商品過期損壞但仍放置的現象？					
7	原材料、包裝材料、工具是否按規定擺放？					
8	員工是否熟知商品的基本常識？					
9	設備保養與維護方式是否按規定執行？					
10	商品的原料、包裝材料是否備齊？					
11	是否經常發生缺貨現象？					
12	商品不足時是否立刻補充？					
13	會員卡是否隨時補充？					
14	商品的包裝材料是否按規定執行？					
15	銷售商品是否按規定逐筆輸入收銀機？					
16	是否按規定(時間、流程)訂貨？					
17	是否出現私自向外廠商訂貨的現象？					
18	商品製作程序是否正確、迅速？					
19	商品包裝是否乾淨、迅速？					
20	是否存在出售變質商品的現象？					
21	新品上櫃程序是否正確、迅速？					
合計得分						

表 72　環境整潔度評估表

評估對象：＿＿＿＿＿＿店　　　　　　　年　　月　　日

項目	環境整潔度評估	評分	優 3	良 2	合格 1	差 0
1	店門口是否整潔？					
2	價目表、招牌是否整潔？					
3	陳列台是否保持清潔？					
4	設備、器具是否整潔，擺放合乎規定？					
5	天花板、地板是否保持整潔？					
6	營運設備是否定期維護保養？					
7	營運器具、設備是否在使用後立刻清洗？					
8	辦公室（倉庫）是否保持整潔？					
9	清潔工具是否按規定放置？					
10	海報、POP、標價卡是否按規定放置？					
11	賣場是否按規定播放音樂？					
12	冷氣機、燈光是否按規定開啓？					
13	櫃檯是否保持整齊、乾淨？					
14	賣場環境是否保持整齊、乾淨？					
15	賣場倉庫是否保持整齊、乾淨？					
16	是否備有傘架（桶）、腳踏墊等防水工具？					
合計得分						

表 73 財務管理評估表

評估對象：＿＿＿＿＿＿＿店　　　　　　年　　月　　日

項目	環境整潔度評估	評分	優 3	良 2	合格 1	差 0
1	是否每日填寫日報表？					
2	收銀員的服務過程是否標準到位？					
3	收銀員是否有識別偽鈔的能力？					
4	打烊時是否常有收支不符的現象？					
5	交接班是否嚴格按規定執行？					
6	是否經常有錯開發票的情況？					
7	財務人員是否按時上交銷售收入表單？					
8	財務賬實是否相符？					
9	財務分工是否明確？					
10	是否經常出現因財務工作影響營運的狀況？					
11	賬務管理是否清晰？					
12	表單是否整理到位？					
13	有無重大財務管理疏漏事件記錄？					
14	收銀是否常無零錢可找？					
15	是否按時將前一天的營業款進行盤點交接？					
16	顧客未取走的單據是否按規定處理？					
合計得分						

四、商店績效評估結果及處理

1.每個月對店鋪進行一次例行考評；

2.例行考評的總平均分數×40%＋績效考評的總分數×60%＝總得分；

3.不定期考評，其考評結果列入例行考評總分內，但因不定期，故有考評時才計分；

4.考評的結果需經受評單位簽認。

表 74　年績效評估指標權重參照表

指標類別		分指標	分值	計算方法	備註
財務指標	經營指標	毛利	30 分	30 分×(實際毛利/計劃毛利)	
		銷售收入	15 分	15 分×(實際銷售收入/計劃銷售收入)	
		變動費用	15 分	15 分×(計劃變動費用/實際變動費用)	
	庫存指標	商品處理損失率	5 分	每次比計劃高 0.2‰，扣 1 分	
		存貨週轉次數	5 分	每次比計劃低 1 次扣 1 分	
		不良庫存分流率	5 分	100%以上爲滿分，每次比計劃低 2%扣 1 分	

續表

非財務指標	成長潛力	5分	考核市場佔有率增長率、主推品牌收入比例、員工建議數、員工滿意度、團隊建設、員工培訓等	(1)三個非財務指標分為五個等級：一級5分，二級4分，三級3分，四級2分，五級1分。考評實行關鍵業績指標對比排序法，根據排序結果，經考評小組綜合平衡後歸入相應等級。
	顧客滿意	5分	考核顧客滿意度指數、顧客投訴比例、服務升級、顧客調查排名等	
	內部管理	7分	例行考核內部管理的規範性和時效性、行銷中心管理、管理升級、安全事件指數等	(2)非財務指標實行雷區激勵，如有觸雷情況，視情節輕重給予0.5～3分扣分。如考核期內不遵守公司規定，無故拖欠員工工資，可扣1分；顧客投訴扣0.5分等。雷區激勵可根據日常檢查或年終檢查結果進行。
總經理綜合評價		8分	考核任職能力、對總公司的作用與貢獻、發展潛力、職業道德	年終進行

表 75　考評分級表

店的評級	
等　　級	總得分
A 級店	90 分以上
B 級店	80～90 分
C 級店	70～80 分
D 級店	60～70 分
自強店	60 分以下

　　(1)被評爲 A、B、C 級的店鋪，可採用獎勵方案進行獎勵，每次的方式都可以有變化，這樣不僅可達到實質獎勵的作用，也可獲得競賽效果。

　　(2)考評爲 D 或 E 級的店鋪，則應列入店鋪扭虧自強計劃處理。若超過三個月仍無起色，就應考慮是否遷店或關店。

五、商店績效評估與獎勵實施

　　「重獎之下必有勇夫」獎勵是大家公認最有效的激勵措施之一，把獎勵與績效考評結合起來，可以激勵營業人員的士氣，促使他們發揮潛力，進而獲得高業績。獎勵必須考慮比例、時機、分配方式及其選擇。

1.獎勵的比例

　　獎勵要形成差別化，使績效高的員工獲得較高的獎勵，吸引人們不斷向上發展，但名額不宜太多，以免使獎勵顯得不突

出而降低效果。

除了按比例給予的獎金外，獎項的數量不宜超過五個，最高的獎勵人數不宜超過現有員工的 1/10，以免因為數量太多、太容易獲得而失去吸引力。

2.獎勵的時機

獎勵的時間不宜過短，期限太短使得效率改進困難，容易使人放棄。獎勵的時機如表 76 所示。

表 76　獎勵的時機

獎勵的時機	說明
立即獎勵	達到標準立刻給予獎勵。如每月核發的業績獎金，對於各種目標達成如銷售件數的目標、銷售額的目標，常在達到目標的時候立刻獎勵。
延後獎勵	通常是對成果的獎勵，如利潤達成獎金、年終考評等。對於需要一段時間才能知道結果的工作，多半是在活動結束或核算後，才會進行獎勵。

3.獎勵的分配方式

獎勵的分配是指分配的方法及對象。分配基本上有定額法、比率法及混合法三種，分配的對象一般可分為個人和團體，如表 77 所示。

4.獎勵方式的選擇

對於獎勵，必須針對不同的需求加以設計，並不是每一種獎勵對每一種狀況都適合。對於獎勵項目的選擇，原則如下：

(1)對參加人要有吸引力；

(2)達到不同目標的要求；

(3)必須使競爭者有足夠的時間做改變。

(4)必須依績效的表現給予不同的獎勵。

表 77　獎勵的分配方式

分配方式	分類	說明
分配方法	定額法	指達到目標即可以獲得定額的獎勵，比如一般的業績獎金，都是以達到某一營業額就有固定額的獎金爲標準。
	比率法	指按營業額提供一定比例的獎勵，比如以營業額的 1%爲業績獎金。
	混合法	參照以上兩種或其他的公式換算，比如對在預定目標範圍內的營業額發放定額獎金，但是超出預定目標的營業額就可以領取特定比例的業績獎金。
分配對象	個人	指以個人爲考評及獎勵的對象，針對個人的表現來發放獎金。
	團體	指以部門或店鋪整體爲考評或獎勵的對象，比如部門獎金等。

六、注意事項

商店要成功運用績效評估這一工具並非易事，需注意以下要點：

1.注意評估方法的適用性

運用績效評估不是趕時髦，對於商店來說，沒有最好的績效評價工具，只有最適合自己的工具。因此，因地制宜地選擇

適合自己商店的績效評估方法，方爲明智之舉。

2.注意評估員工的表現力

員工在企業的表現力主要體現在以下三個方面：一是工作業績，這是最爲重要的；二是員工在工作團隊中的投入程度；三是員工對顧客的貢獻程度。

3.注意評估標準的合理性

商店在進行績效評估時，要充分考慮標準的合理性，這種合理性主要體現在以下五個方面：

(1)考核標準要全面；

(2)標準之間要協調；

(3)關鍵標準要連貫

(4)標準要盡可能量化；

(5)要根據團體工作目標而非個人目標來制定考核標準。

表 78　績效評估的注意事項

績效評估應該做的	績效評估不應該做的
·事先做好充足的準備工作；	·教訓員工；
·對評定結果給予具體的解釋；	·只強調表現不好的一面；
·確定今後發展所需採取的具體措施；	·只講不聽；
·對理想的表現予以強化；	·過分嚴肅或對某些失誤喋喋不休；
·逐個對目標進行討論，並給出具體的回饋；	·認爲雙方有必要在所有方面達成一致。
·重點強調未來的工作表現。	

績效評估是一把「雙刃劍」，正確的績效評估能激起員工努力工作的積極性，從而啓動整個組織；但如果做法不當，可能會產生許多意想不到的後果。績效評估要體現公正、合理、公開原則，才能起到激勵作用。

心得欄

26

商店營運自我診斷

　　商店和人類一樣，當覺得「身體不適」的時候，就需要對自身進行診斷，然後對症下藥。一些商店會外聘專業顧問公司來為店鋪進行診斷評估，但大多數的商店都必須開發出商店自我診斷評估的辦法，由商店經營者或店長來定期評估。

　　商店的自我診斷評估，一方面可以降低評估成本，另一方面可以迅速改善商店經營管理水準。

一、核心概要

　　對於商店來說，營運自我診斷就像前進中的指南針，能夠為商店的經營者指引正確的方向。面對快速變化的市場環境，商店必須及時對自身進行診斷，並做好「應變計劃」以規避風險。店長應定期對商店營運的各類問題進行相應的自我診斷，這樣，一旦發現問題才能事先預警，然後快速做出反應。

1.商店營運自我診斷的作用

商店營運自我診斷的真正意義在於發現商店潛在的問題，

並提供解決方案。

2.商店營運自我診斷的階段

商店營運自我診斷通常包括三個階段：

(1)對商店的經營狀況進行調查研究。

(2)提出改善商店經營的具體方案。

(3)商店診斷方案的實施。

3.商店營運自我診斷的時機

表 79　商店營運自我診斷的時機

時機	說明
年末	看結果與年目標的差異，不論是完不成目標還是超額完成，如果差異大，就要進行差異分析，看是什麼原因造成的，從而採取相應措施。
發生突發事件時	針對不在計劃之內的突發事件、問題，採取問題解決的方式，用 5W1H 模式來探討、分析，查找問題產生的原因。

二、實操案例

1.營運能力的自我診斷要項

(1)店長及營業員是否清楚瞭解自己的職責與各項工作流程，並確實遵守執行？

(2)是否根據員工的意願進行工作的調整以發揮其工作潛能？

(3)是否鼓勵店長及營業員針對商品上架的時機與促銷策略等，分享他們的經驗與建議？

(4)店長及營業員對於顧客平日與假日的進入方式、消費方式與傾向等，是否用心觀察、記錄並分析？

(5)是否要求店長及營業員對於本店與競爭店的定位差異、市場佔有率等因素，定期進行市場調查並提出改善對策？

(6)是否製作商品存量動態卡並每週檢查，以確保以暢銷品為中心的商品結構？

(7)是否持續追蹤銷售與庫存的對應關係，並結合季節的因素，以作為年營運資料的依據？

(8)是否調查、記錄、追蹤競爭店進行促銷的活動，並分析其效果？

(9)店長及營業員能否熟練使用陳列道具，塑造易看、易選、易接待的賣場？

(10)是否認識到 POP 廣告的重要性？店長及營業員是否具備製作 POP 廣告的能力？

2.銷售服務的自我診斷要項

(1)銷售人員是否按規定著裝、化淡妝？

(2)銷售人員是否保持愉悅心情、以微笑待客？

(3)銷售人員是否談吐文雅、音量適宜？

(4)銷售人員是否利用業餘時間整理賣場或處理行政工作？

(5)銷售人員是否積極協助同事發揮團隊精神？

(6)銷售人員是否專注聽取顧客詢問、誠懇應對並留意其反應？

(7)收銀員對於收銀及包裝作業是否熟練？

(8)銷售人員是否能正確把握接近顧客的時機？

(9)銷售人員商品知識是否豐富，並能簡明地將其特性介紹給顧客？

⑽銷售人員是否掌握專業知識、流行資訊、市場情報及同業動態？

3.賣場商品展示陳列的自我診斷要項

(1)展示陳列的商品是否符合訴求的主題？

(2)展示陳列空間的選擇是否和商品相稱？

(3)關聯性商品的擺放是否合適？

(4)陳列道具的選擇是否與商品形象一致？

(5)商品價格標示或 POP 是否齊全？

(6)展示陳列空間的燈光是否適宜？

(7)展示陳列的商品或道具是否保持清潔？

(8)展示陳列的商品是否有充足的庫存？

三、具體應用

雖然零售商店的經營管理都有其基本的原理、原則，但是由於經營背景的不同，所以並沒有一個共同的自我診斷檢核表。每個商店都應根據自身的實際情況，確定適合自己的自我診斷的要項與方法。

1.商店營運自我診斷的要項

主要的商店營運自我診斷包括下列幾個類別：

⑴商店內外條件診斷

商店的內外環境會影響到商店的經營績效。雖然在開業以

前，對於商店所在的商圈、週圍的各種業態，都會有一定程度
的調查分析，而且對於商店內部的設計，絕大部分的商店已經
制定出一定的規格，但是，隨著時間的推移，原本對商店有利
的條件也許會出現變化，如新競爭店的設立、道路工程的施工
等。

　　所以，商店內外條件的自我審查是必須長期而且定期進行
的工作。商店內外條件可以分為外在環境和店內狀況兩部分。
外在環境變化主要包括商圈形態、業態分佈、商業特徵、人口
分佈等的改變。

(2)**經營效率診斷**

　　主要依照各種經營績效數據來診斷商店績效的優劣。重要
的內容包括系統組織效率、人員工作效率、商品效率等。

表 80　　經營效率診斷的內容

內容	說明
系統組織效率	對商店各種聯絡系統功能的效率進行審核，如資訊傳遞的時間、物流程序的處理時間、存貨週轉率、商店存貨量等。
人員工作效率	主要對商店工作人員的效率進行審核，如平均人員貢獻、平均加班費及加班時數、平均績效獎金等。
商品效率	提高商店的商品週轉率，做好商品的採購和存貨管理。

(3)**管理系統診斷**

　　主要是根據各種管理制度的效能來診斷商店績效的優劣，
重點在資金流、物流、信息流等各類的管理程序及制度。可以
應用的績效評估數據包括營業時間、人員流動率等。

⑷顧客診斷

商店除了配合整體的顧客調查外，也要針對商店的目標顧客進行定期的調查。調查的重點包括顧客滿意度、商店形象、商店服務等。

表 81　顧客診斷的重點

調查重點	說明
顧客滿意度	顧客滿意度可以顯示員工的服務品質及效率。通過顧客滿意度調查表或定期的顧客滿意度調查，可以診斷商店的顧客服務品質。
企業及商店形象	許多企業會定期開展問卷調查、市場調查或舉辦座談會，以此來確定本企業在顧客心中的形象。商店員工也可以對固定主顧客進行口頭或電話詢問。
商店服務	除了特別的問卷或特定的座談會外，商店可以根據一些內部的績效評估數據來審核自身服務是否還有改進的空間。例如，會員數量、顧客抱怨次數、退貨百分比等。

2.商店營運自我診斷的方法

商店自我診斷評估的方法主要有三種，即觀察法、詢問法和實踐法。

表 82　商店營運自我診斷的方法

方法	說明
觀察法	仔細觀察要診斷的目標，分析其業務是如何運作的、運作結果如何。觀察法的診斷範圍可以包括實務操作的觀察、作業環境的認識、作業績效的瞭解等。
詢問法	詢問法包括書面詢問和口頭詢問，詢問內容必須預先確定。同時，要認真聽取眾人對所診斷業務運作的理由、建議，最好能使受訪者充分表達其看法，這樣才能獲得更真實的材料。

續表

實踐法	親自去操作，實際體驗作業執行的困難程度，以證實問題發生的原因和改善計劃的可行性。例如，作業規劃者憑藉想像，在最理想的條件下編制流程，並設定績效評估的標準，以其自身能力去要求下屬達到同樣的標準。但在實際操作過程中卻會有不同的結果，這就要求規劃者親自嘗試，在實際操作中尋找改進的方法和可行的方案。

3.商店年檢討

商店的管理者在進行自我評估後，可就全年工作中存在的問題、疏漏，以及需要改進之處做深度的自我批評與檢討，找出與先進管理典範的差距。在檢討時，可參照下表。

表 83　商店年檢討書

部門		經理	
改進事項			
檢討事項			
建議事項			

四、注意事項

商店在做自我診斷評估時，其診斷必須有主題、有範圍、有目標，事前也要有充分的準備和計劃。診斷時，要注意以下事項：

1.診斷面要廣，但改善面宜深。

2.診斷過程與結果應儘量使用圖表。

3.要求定性或定量地陳述，數據本身應有比較的標準，對自己或對產業等都做比較。

4.診斷執行者要客觀、務實，切忌過於主觀或太理想化。

5.改善建議要確實可行，且需要有建議的執行時間表。

6.要考慮企業文化的差異和企業背景的不同，其他商店的數據或經驗不可盡信。

27

商店如何扭虧為盈

一、虧損店的特徵

店主投資開店，不可能光做賠錢的買賣，如果商店長時間虧損，就只能關店。但實際上很多店鋪在經營的初期都是虧損的，面對商店經營狀況不佳，經營者應該如何扭虧為盈？

在何種情況下才能判斷商店處於虧損狀態？從那些方面可以找出商店虧損的原因？

商店經過各種評估和自我診斷之後，如果被確定屬於 D 級店或 E 級店，則需列入商店扭虧計劃處理。若超過三個月仍無

起色，就應考慮是否遷店或關店。

D 級店或 E 級店又稱為虧損店或自強店，這些商店一般具有如下特徵：

1.本年績效成績最差，而且近來整個營運呈下滑趨勢。

2.顧客滿意度低，入店人數降低；

3.營業額達成率低於目標 75%以下；

4.經營評估不良。

二、商店虧損分析

虧損商店通常受商圈、規模、競爭、宣傳力度和自身業務等多種因素的影響而形成。其中一些是因為開店前商圈調查評估不準確所導致，而更多的則是因為開店後經營管理不用心所導致。

1.商圈分析

很多虧損商店對商圈特性的掌握不到位，所選商圈太小而且人流量不足，商圈內消費者的消費習慣及開店產業不符。另外，一些虧損商店在競爭店數量增加和改變經營策略的時候沒有及時做出反應並進行相應的調整。

2.服務水準與員工士氣管理分析

很多商店會因顧客大量流失而成為虧損店，其主要原因就在於服務管理不到位，員工士氣低落。比如，服務態度不佳、員工敬業精神差、服務流程不合理、員工短缺，以及不能滿足顧客需求或培訓不到位等，都會導致顧客大量流失，商店業績

下降而成虧損商店。

3.商品及其他管理分析

商品管理不當也是造成商店業績下降的主要原因。很多虧損店都存在商品組合不當，如大庫存、週轉慢等現象，或者存在商品品質不佳，如報廢增加、退貨增加、商品陳列不佳、嚴重缺貨、存貨控制不佳等現象。這些都會影響商店的正常運營，從而導致商店虧損。

另外，店長領導方式不正確、促銷等活動執行不到位、店內設備運用不正確、環境清潔衛生差、財務管理不善等現象都可能導致商店虧損。

4.績效分析

通過績效分析來確定商店是否虧損也是主要的手段之一。比如，營業目標達成率不佳、毛利目標達成率不佳、費用目標控制率不佳、淨利目標達成率不佳、營業額成長率不佳、員工貢獻率不佳等都是確定商店是否成為虧損店的重要指標。

三、商店扭虧作業流程

虧損店扭虧作業流程如圖 21 所示。

圖 21　店鋪扭虧作業流程

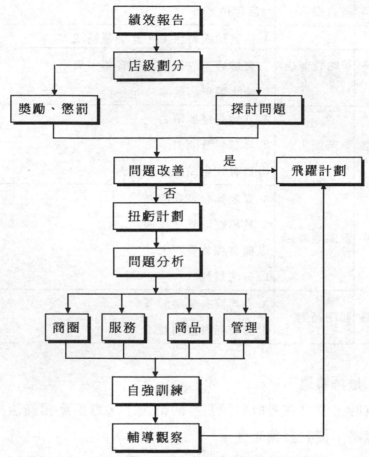

四、面對商店虧損採取的對策

一般而言，經營者面對虧損商店時，主要的經營策略如下表所示。

表 84　虧損商店的經營對策

對策類型	適合商店	商店特徵
維持策略	策略性商店	A.位於配送路線上，減少運輸成本 B.實驗店，收集資訊、宣傳、廣告 C.防止競爭店進入
改裝策略	更新商店	A.立地有發展潛力 B.具有經營能力 C.具有強化商品計劃能力
轉換策略	新業態商店	A.立地具有良好的條件 B.具備經營管理技術 C.擁有經營管理人才 D.有成長性
撤退策略	關閉商店	A.立地沒有發展前景 B.商店無直接利益

1.維持策略

有時，企業在考慮整體利益的情況下，會對虧損商店採取維持策略，使其繼續經營：

(1)當虧損店位於配送路線上時，企業為享有降低物流成本的經濟利益，會以降低物流成本效益維持此商店的經營。

(2)當商店是企業積累新業態經營經驗的實驗店，或在重要位置宣傳、廣告的展示店時，基於這些特殊功能考慮所開設的商店就不能輕言撤退。

(3)當商店是企業為搶佔市場或迫使既有競爭店退出某市場而設立時，即便虧損也要採取維持策略。

2.改裝策略

如果虧損商店位於消費者容易接近的位置，能形成獨立的商圈，具有良好的前景或潛力，就需要考慮商店是否需要改裝了。

商店在改裝時，除需要進行硬體設施的更新外，更重要的是對軟體經營能力進行轉換與變革。例如，與競爭店比較分析，尋找自身的優勢項目；或者，請專家指導以改善其經營能力。另外，商店改裝還要重點強化其商品計劃能力。

3.轉換策略

當商店商圈立地條件隨著時間與空間的變遷，與既有業態生存條件不符合而影響其發展時，商店經營者就應適時考慮轉而經營其他新興業態。

轉而經營其他業態時，必須注意商店是否有新業態的專業經營技術和專業管理人才，轉換的新業態是否具有成長性。

4.撤退策略

當商店的營業額增長率和市場增長率都很低，而且處於發展前景不明確、成長性很低的商圈時，商店經營者就應該採取撤退策略，早日退出市場以減少損失。

但在撤退前，應考慮是否具有扭虧為盈的可能性。例如，營業額能否增長？是否能提高毛利額？是否能削減管理費用？若確認商店虧損是因為人流量不大、消費水準不高、配送成本較高，就必須堅決關閉該虧損商店。

五、扭虧自強訓練

虧損商店在確定其經營情況後，可以通過一定的課程訓練和問題研討來實現扭虧自強的目的。

表 85 訓練課程的內容

問題所在	探討結果	訓練課程
商圈、商品	商圈位置不佳 商圈經營手段不佳 商品陳列不佳、組合不當	管理技巧訓練 激勵溝通活動 商圈調查與資料運用
管理	配合不協調 管理制度不健全 執行力度差	管理技巧訓練 促銷執行訓練 營運方針的宣傳指導 領導溝通與激勵活動開展
服務	人員短缺 工具匱乏 缺乏培訓與指導	管理技巧訓練 服務技巧與流程的訓練
財務管理、環境衛生等其他問題的課程安排和培訓		

自強訓練的課程包括：激勵活動，商圈調查與資料運用，服務流程訓練，服務技巧的應用以及專業訓練，設備、器具的標準使用訓練，管理技巧訓練和環境整潔的標準作業程序訓練。

為達到快速改進、強化訓練的目的，虧損商店在選擇課程時，可以根據自身情況對某些課程做重點的培訓學習，其訓練

課程的內容也可根據問題分析結果重新組合。

同時，還可以根據自身條件，制定學習計劃。

表 86　自強計劃時間表

活動安排		第一個月	第二個月	第三個月
集中特訓(集中式)		1～3 天		
本部研討		2 天		
商圈精耕		7 天		
促銷活動及工具準備		14 天		
DM 發放		2～3 天		
促銷期限		7～15 天		
觀察期		60 天		
人員駐店	一般店	每週 1 天	視需要而定	
	自強店	每週 2 天		

商店的扭虧自強除了要進行必要的課程訓練和問題研討外，還要對所處商圈加強經營，同時配合一定的促銷活動，幫助商店提升業績和擴大影響。

商圈精耕的方式包括：

1.加強姐妹店之間的公關。

2.尋找商圈內發放 DM 的地點及時段，如主消費層(上班族、附近住戶等)走動頻繁的地點，次消費層(青少年等)走動頻繁的地點，以及主、次消費層走動頻繁的時段。

3.參與社區公益活動。

虧損商店扭虧自強作業的觀察期一般為兩個月。觀察後提

出報告，報告內容包括：

　　⑴店內問題改善狀況；

　　⑵商圈內消費者對本店的接受程度；

　　⑶營業績效和來客數提升情況；

　　⑷商圈精耕的進展狀況等。

　　商店經營者可根據觀察報告對虧損店做出相應的處理決定，如關店、遷店、整改還是改變經營業態。

心得欄 -----------------------------

28

連鎖業店長的訓練課程

課程一：店長的工作流程

表 87

管理工作	店長有那些管理商店的重點？請詳細填寫。 1._____ 2._____ 3._____ 店長每日工作流程是什麼？ 1._____ 2._____ 3._____ 店長每週、每月工作重點是什麼？ 1._____ 2._____ 3._____
促銷	商店促銷的目的在於什麼？ 1._____ 2._____ 3._____

促銷	商店促銷的主要方法有那些？ 1.＿＿＿＿＿＿＿＿＿＿＿＿＿＿＿＿＿＿＿ 2.＿＿＿＿＿＿＿＿＿＿＿＿＿＿＿＿＿＿＿ 3.＿＿＿＿＿＿＿＿＿＿＿＿＿＿＿＿＿＿＿
陳列	商店陳列有那些要求？ 1.＿＿＿＿＿＿＿＿＿＿＿＿＿＿＿＿＿＿＿ 2.＿＿＿＿＿＿＿＿＿＿＿＿＿＿＿＿＿＿＿ 3.＿＿＿＿＿＿＿＿＿＿＿＿＿＿＿＿＿＿＿
衛生	商店衛生為什麼對我們很重要？ 1.＿＿＿＿＿＿＿＿＿＿＿＿＿＿＿＿＿＿＿ 2.＿＿＿＿＿＿＿＿＿＿＿＿＿＿＿＿＿＿＿ 3.＿＿＿＿＿＿＿＿＿＿＿＿＿＿＿＿＿＿＿ 商店衛生是怎麼管理的？ 1.＿＿＿＿＿＿＿＿＿＿＿＿＿＿＿＿＿＿＿ 2.＿＿＿＿＿＿＿＿＿＿＿＿＿＿＿＿＿＿＿ 3.＿＿＿＿＿＿＿＿＿＿＿＿＿＿＿＿＿＿＿
安全	保證商店安全的重要性體現在那些方面？ 1.＿＿＿＿＿＿＿＿＿＿＿＿＿＿＿＿＿＿＿ 2.＿＿＿＿＿＿＿＿＿＿＿＿＿＿＿＿＿＿＿ 3.＿＿＿＿＿＿＿＿＿＿＿＿＿＿＿＿＿＿＿
財務	為保證商店基本財務安全，店長有那些工作要做？ 1.＿＿＿＿＿＿＿＿＿＿＿＿＿＿＿＿＿＿＿ 2.＿＿＿＿＿＿＿＿＿＿＿＿＿＿＿＿＿＿＿ 3.＿＿＿＿＿＿＿＿＿＿＿＿＿＿＿＿＿＿＿
銷售導購	商店銷售導購的核心理念是什麼？ 1.＿＿＿＿＿＿＿＿＿＿＿＿＿＿＿＿＿＿＿ 2.＿＿＿＿＿＿＿＿＿＿＿＿＿＿＿＿＿＿＿ 3.＿＿＿＿＿＿＿＿＿＿＿＿＿＿＿＿＿＿＿

續表

銷售導購	商店導購員應如何進行訓練？
	1._____
	2._____
	3._____
人員管理	商店人員排班規定和技巧是什麼？
	1._____
	2._____
	3._____
快樂工作	那些方式可以使商店員工快樂地工作？
	1._____
	2._____
	3._____
	激勵員工有那些方式？
	1._____
	2._____
	3._____
商品	商店的主推商品是什麼？
	1._____
	2._____
	3._____
	商店商品結構有什麼特點？
	1._____
	2._____
	3._____
	商店對商品進行分析需要那些分析報表？分析重點是什麼？
	1._____
	2._____
	3._____

續表

經營分析	商店顧客分析重點是那些因素？ 1._____ 2._____ 3._____ 商店營業額的提升有那些方法？ 1._____ 2._____ 3._____

課程二：巡店

表 88

巡店程序	店長巡店分為幾步？ 1._____ 2._____ 3._____
巡店目的	巡店的目的在那幾個方面？ 1._____ 2._____ 3._____
巡店重點	巡店重點有那些區域？ 1._____ 2._____ 3._____

課程三：開店工作規範

表 89

開店流程	新店開業主要涉及到那些部門？這些部門主要有那些工作？ 1.＿＿＿＿＿＿＿＿＿＿＿＿＿＿＿＿＿＿＿＿ 2.＿＿＿＿＿＿＿＿＿＿＿＿＿＿＿＿＿＿＿＿ 3.＿＿＿＿＿＿＿＿＿＿＿＿＿＿＿＿＿＿＿＿ 作爲新店店長有那些工作要做？ 1.＿＿＿＿＿＿＿＿＿＿＿＿＿＿＿＿＿＿＿＿ 2.＿＿＿＿＿＿＿＿＿＿＿＿＿＿＿＿＿＿＿＿ 3.＿＿＿＿＿＿＿＿＿＿＿＿＿＿＿＿＿＿＿＿
開店規範	新店開業可以採取那些拓展方式？ 1.＿＿＿＿＿＿＿＿＿＿＿＿＿＿＿＿＿＿＿＿ 2.＿＿＿＿＿＿＿＿＿＿＿＿＿＿＿＿＿＿＿＿ 3.＿＿＿＿＿＿＿＿＿＿＿＿＿＿＿＿＿＿＿＿ 新店開業需要辦理那些證件？ 1.＿＿＿＿＿＿＿＿＿＿＿＿＿＿＿＿＿＿＿＿ 2.＿＿＿＿＿＿＿＿＿＿＿＿＿＿＿＿＿＿＿＿ 3.＿＿＿＿＿＿＿＿＿＿＿＿＿＿＿＿＿＿＿＿ 新店開業慶典需要檢查那些內容？ 1.＿＿＿＿＿＿＿＿＿＿＿＿＿＿＿＿＿＿＿＿ 2.＿＿＿＿＿＿＿＿＿＿＿＿＿＿＿＿＿＿＿＿ 3.＿＿＿＿＿＿＿＿＿＿＿＿＿＿＿＿＿＿＿＿

課程四：外部拓展技巧

表 90

目的	商店外部拓展的目的是什麼？ 1.＿＿＿＿＿＿＿＿＿＿＿＿＿＿＿＿＿＿＿＿＿＿ 2.＿＿＿＿＿＿＿＿＿＿＿＿＿＿＿＿＿＿＿＿＿＿ 3.＿＿＿＿＿＿＿＿＿＿＿＿＿＿＿＿＿＿＿＿＿＿
技巧	一般的外部拓展對象包括那些類型的商家？ 1.＿＿＿＿＿＿＿＿＿＿＿＿＿＿＿＿＿＿＿＿＿＿ 2.＿＿＿＿＿＿＿＿＿＿＿＿＿＿＿＿＿＿＿＿＿＿ 3.＿＿＿＿＿＿＿＿＿＿＿＿＿＿＿＿＿＿＿＿＿＿ 商店外部拓展有那些方式？ 1.＿＿＿＿＿＿＿＿＿＿＿＿＿＿＿＿＿＿＿＿＿＿ 2.＿＿＿＿＿＿＿＿＿＿＿＿＿＿＿＿＿＿＿＿＿＿ 3.＿＿＿＿＿＿＿＿＿＿＿＿＿＿＿＿＿＿＿＿＿＿ 如何通過外部拓展加強外部合作？ 1.＿＿＿＿＿＿＿＿＿＿＿＿＿＿＿＿＿＿＿＿＿＿ 2.＿＿＿＿＿＿＿＿＿＿＿＿＿＿＿＿＿＿＿＿＿＿ 3.＿＿＿＿＿＿＿＿＿＿＿＿＿＿＿＿＿＿＿＿＿＿ 如何通過外部拓展提升商店影響力？ 1.＿＿＿＿＿＿＿＿＿＿＿＿＿＿＿＿＿＿＿＿＿＿ 2.＿＿＿＿＿＿＿＿＿＿＿＿＿＿＿＿＿＿＿＿＿＿ 3.＿＿＿＿＿＿＿＿＿＿＿＿＿＿＿＿＿＿＿＿＿＿

課程五：會議管理

表 91

目的	舉行會議的目的是什麼？ 1.＿＿＿＿＿＿＿＿＿＿＿＿＿＿ 2.＿＿＿＿＿＿＿＿＿＿＿＿＿＿ 3.＿＿＿＿＿＿＿＿＿＿＿＿＿＿ 4.＿＿＿＿＿＿＿＿＿＿＿＿＿＿ 一般會議有那幾種類型？ 1.＿＿＿＿＿＿＿＿＿＿＿＿＿＿ 2.＿＿＿＿＿＿＿＿＿＿＿＿＿＿ 3.＿＿＿＿＿＿＿＿＿＿＿＿＿＿ 4.＿＿＿＿＿＿＿＿＿＿＿＿＿＿ 會議過程中應當注意那些問題？ 1.＿＿＿＿＿＿＿＿＿＿＿＿＿＿ 2.＿＿＿＿＿＿＿＿＿＿＿＿＿＿ 3.＿＿＿＿＿＿＿＿＿＿＿＿＿＿ 4.＿＿＿＿＿＿＿＿＿＿＿＿＿＿ 舉行會議有那些技巧？ 1.＿＿＿＿＿＿＿＿＿＿＿＿＿＿ 2.＿＿＿＿＿＿＿＿＿＿＿＿＿＿ 3.＿＿＿＿＿＿＿＿＿＿＿＿＿＿ 4.＿＿＿＿＿＿＿＿＿＿＿＿＿＿

課程六：目標與計劃管理

表 92

目的	爲什麼要制定目標？ 1.＿＿＿＿＿＿＿＿＿＿＿＿ 2.＿＿＿＿＿＿＿＿＿＿＿＿ 3.＿＿＿＿＿＿＿＿＿＿＿＿ 爲什麼要制定計劃？ 1.＿＿＿＿＿＿＿＿＿＿＿＿ 2.＿＿＿＿＿＿＿＿＿＿＿＿ 3.＿＿＿＿＿＿＿＿＿＿＿＿
內容	店長應當制定或接受那些任務目標？ 1.＿＿＿＿＿＿＿＿＿＿＿＿ 2.＿＿＿＿＿＿＿＿＿＿＿＿ 3.＿＿＿＿＿＿＿＿＿＿＿＿ 店長營業額目標如何制定計劃來完成？ 1.＿＿＿＿＿＿＿＿＿＿＿＿ 2.＿＿＿＿＿＿＿＿＿＿＿＿ 3.＿＿＿＿＿＿＿＿＿＿＿＿ 店長應如何保證目標和計劃的順利完成？ 1.＿＿＿＿＿＿＿＿＿＿＿＿ 2.＿＿＿＿＿＿＿＿＿＿＿＿ 3.＿＿＿＿＿＿＿＿＿＿＿＿ 目標無法完成時，你應該怎麼做？ ＿＿＿＿＿＿＿＿＿＿＿＿

課程七：競爭對手調查

表 93

調查報告	競爭對手的名稱和地點： 1._____ 2._____ 3._____ 總體印象： 店外：指示標牌、停車場、燈光照明、環境(安全，友好，或不歡迎)、目光接觸等 店內：指示標牌、燈光照明、過道、促銷活動等 1._____ 2._____ 3._____ 店面佈局： 清晰描述貨架佈局、促銷區域、顧客走向等 1._____ 2._____ 3._____ 商品陳列： 商品分類、店面標誌、陳列理念 1._____ 2._____ 3._____

調查報告	商品結構及商品品質： 1.＿＿＿＿＿＿＿＿＿＿＿＿＿＿＿＿＿＿＿ 2.＿＿＿＿＿＿＿＿＿＿＿＿＿＿＿＿＿＿＿ 3.＿＿＿＿＿＿＿＿＿＿＿＿＿＿＿＿＿＿＿ 價格： 同類別請至少提出五個高流轉單品作為支持你觀點的證據(更貴，更便宜，具有競爭性) 1.＿＿＿＿＿＿＿＿＿＿＿＿＿＿＿＿＿＿＿ 2.＿＿＿＿＿＿＿＿＿＿＿＿＿＿＿＿＿＿＿ 3.＿＿＿＿＿＿＿＿＿＿＿＿＿＿＿＿＿＿＿ 促銷區域： 1.＿＿＿＿＿＿＿＿＿＿＿＿＿＿＿＿＿＿＿ 2.＿＿＿＿＿＿＿＿＿＿＿＿＿＿＿＿＿＿＿ 3.＿＿＿＿＿＿＿＿＿＿＿＿＿＿＿＿＿＿＿ 員工服務水準： 1.＿＿＿＿＿＿＿＿＿＿＿＿＿＿＿＿＿＿＿ 2.＿＿＿＿＿＿＿＿＿＿＿＿＿＿＿＿＿＿＿ 3.＿＿＿＿＿＿＿＿＿＿＿＿＿＿＿＿＿＿＿ 該競爭對手有何優勢？ 1.＿＿＿＿＿＿＿＿＿＿＿＿＿＿＿＿＿＿＿ 2.＿＿＿＿＿＿＿＿＿＿＿＿＿＿＿＿＿＿＿ 3.＿＿＿＿＿＿＿＿＿＿＿＿＿＿＿＿＿＿＿ 如何比競爭對手更有競爭力？請根據你所提出的問題給出具體解決方案。 1.＿＿＿＿＿＿＿＿＿＿＿＿＿＿＿＿＿＿＿ 2.＿＿＿＿＿＿＿＿＿＿＿＿＿＿＿＿＿＿＿ 3.＿＿＿＿＿＿＿＿＿＿＿＿＿＿＿＿＿＿＿

29

商場績效考核診斷方案

第一章　總則

第一條　績效考核目的

1.本方案旨在公司加強對各直營店考核工作的指導、監督和管理，統一和規範地推行直營店以及員工的績效考核工作，保證和促進各直營店績效考核工作的順利進行。

2.本方案旨在建立公司統一的績效考核體系。績效考核體系通過設定針對性的績效考核指標、客觀的考核標準和動態考核方式，衡量員工的工作業績，反映員工對組織的價值貢獻；通過將績效考核結果與崗位績效工資以及獎金掛鈎，對員工進行有效激勵；績效考核結果爲員工崗位晉升與培訓方案設計提供依據，從而促進公司人力資源管理工作的科學化、公正化，進一步激發員工的積極性和創造性，逐步提高各直營店整體業績水準。

3.績效考核可使各級管理者明確瞭解下屬的工作狀況，使公司充分瞭解各直營店的人力資源狀況，並據此進行科學決策，保證公司人力資源發展戰略目標的實現。

第二條　公司成立直營店績效考核委員會，人力資源部負責績效考核的組織實施工作。直營店績效考核委員會成員如下：

1.主任：常務副總經理；

2.秘書長：財務部部長；

3.副秘書長：人力資源部部長；

4.委員：人力資源部部長、財務部部長、營運部部長、辦公室主任以及其他企業管理委員會成員。

第三條　績效考核委員會職責

1.負責組織召開季績效考核工作會議，參加會議人員爲績效考核委員會全體成員以及各直營店店長；

2.負責建立、完善公司直營店績效考核方案；

3.負責對各直營店、店長的季、年績效考核修訂進行審批；

4.負責制定各直營店的季、年經營目標；

5.負責指導各直營店分解經營目標（銷售額、毛利、損耗）並批准監督執行；

6.負責對各直營店、店長季績效考核結果進行審批；

7.監督考核實施過程並負責處理考核中出現的重大突發事件；

8.負責對各直營店店長進行年綜合測評；

9.對各直營店、店長的績效考核結果有最終決定權。

第四條　人力資源部職責

人力資源部是各直營店績效考核工作的執行機構，負責各直營店的績效考核組織實施工作，具體工作包括：

1.負責擬定直營店績效考核方案並報績效考核委員會；

2.負責定期修訂各直營店、店長的績效考核指標、各指標權重等，並報績效考核委員會批准；

3.負責組織修改直營店除店長外各崗位績效考核指標、各指標權重、指標說明等；

4.負責指導、監督、仲裁直營店績效考核工作；

5.負責組織直營店、店長季績效考核工作；

6.負責批准直營店除店長外各崗位績效考核結果；

7.負責將各直營店、店長的績效考核結果保存備案；

8.負責處理績效考核過程中員工申訴事宜，確保績效考核工作公平、公正、公開；

9.負責將直營店店部、店長的績效考核結果保存備案。

第五條 各直營店職責

各直營店負責績效考核的實施工作，具體包括：

1.負責定期把本店的經營指標分解到各部門、各小組；

2.負責對各部門、各小組成員進行績效考核；

3.負責將各崗位考核結果統一保存備案。

第六條 本方案適用於考核公司各直營店正式聘用的所有崗位員工，但不適用於以下員工：

1.試用期員工；

2.臨時工；

3.促銷人員；

4.考核期間休假停職時間超過 1/2 考核期者；

5.其他績效考核委員會認定無需考核的人員。

第七條 本考核體系適用於常規性績效考核工作，不適用

於臨時性考核或其他非常規考核。

第八條　對於各直營店、店長以及各部門、小組實行目標管理，各直營店的經營目標(季、年)由績效考核委員會制定，各部門、小組的經營目標由店長進行分解制定，並經績效管理委員會批准。

第二章　績效考核體系構成

第九條　績效考核體系由考核週期、績效考核內容、績效考核者、被考核者等方面組成：

1.績效考核體系是由一組既獨立又相互關聯，並能較完整地表達評價要求的考核指標組成的評價系統；績效考核體系的建立，有利於評價員工的工作狀況，是進行員工考核工作的基礎，也是保證考核結果準確、合理的重要因素。

2.考核指標是能夠反映目標完成情況、工作態度、工作能力等的指標，是績效考核體系的基本單位。

第十條　公司績效考核週期分為季考核、年考核、不定期考核。

1.對直營店進行季考核、年考核；

2.對店長進行季考核、年考核；

3.對實行崗位績效工資制的員工進行季考核、年考核；

4.營運部定期或不定期對各直營店進行千分考核。

第十一條　公司績效考核內容包括以下幾個方面：關鍵業績指標(KPI)、能力指標、態度指標、千分考核、綜合測評。

第十二條　KPI 即關鍵業績考核指標，代表崗位的核心責

任，其確定方法是：

1.以崗位說明書爲基礎，提取 2～5 個最能反映被考核者業績的評價指標作爲 KPI 指標；

2.制定 KPI 應兼顧公司長期目標和短期利益的結合；

3.選擇 KPI 的原則：一是少而精，二是結果導向，三是可衡量性；

4. KPI 的制定過程是考核者與被考核者雙向溝通的過程，從項目的選擇、權重的設定、考核指標說明到目標的確定，雙方應充分溝通，特別應使被考核者全面參與指標的設置過程，從而加深對指標的理解並承諾指標目標的完成；

5.人力資源部每年根據公司發展戰略和重點，組織各直營店對考核指標進行討論，重新確定各直營店、店長的關鍵業績考核指標，並將討論結果提交績效考核工作委員會，審批通過後作爲下一年的考核依據；

6.人力資源部定期組織直營店對各崗位的季、年績效考核指標、權重等進行討論修訂，並將修改結果提交績效考核工作委員會，審批通過後作爲下一年的考核依據。

第十三條　能力態度考核

1.能力考核是考核員工在崗位實際工作中具備的能力，考核者根據被考核者表現的工作能力，對被考核者做出評定；

2.工作態度是對某項工作的認知程度及爲此付出的努力程度，工作態度是工作能力向工作業績轉換的橋樑，在很大程度上決定了能力向業績的轉化效果，考核者根據被考核者表現的工作態度，對被考核者做出評定。

第十四條 加減分考核

1.加減分考核由營運部負責組織實施，定期或不定期對各店部進行考核；

2.實行加分(扣分)並獎勵(罰款)制度，被考核者季考核指標千分考核得分根據考核期內千分考核加分(扣分)情況確定，除加分(扣分)外，千分考核還實行對直接責任人及間接責任人獎懲制度，具體細則根據其他相關規定執行。

第十五條 綜合測評

1.綜合測評是年末績效考核委員會對各直營店店長進行的綜合考核，由績效考核委員會負責組織實施；

2.綜合測評首先由店長進行述職報告，然後績效考核委員會成員根據各店長對公司的貢獻大小、工作能力、工作態度、部門團隊建設、培訓工作狀況、安全生產狀況等方面對各直營店店長進行綜合打分，統計出各店長的綜合得分。

第十六條 績效考核者負責對被考核者進行考核評價，績效考核者應熟練掌握績效考核相關表格、流程、考核方案，並與被考核者及時進行溝通，從而公平、公正地完成考核工作：

1.公司績效考核委員會：對各直營店、店長進行季考核、年考核；

2.各店店長：對本店員工進行關鍵業績指標考核、能力態度考核；

3.營運部：對各商店及各崗位人員進行加減分考核。

第十七條 被考核者：各直營店、店長以及其他崗位員工。

第三章　績效考核內容及權重

第十八條　績效考核評分採用能力態度單項 10 分、關鍵業績單項 100 分，總分 100 分制。績效考核者對被考核者的關鍵業績考核指標(KPI)、能力態度指標、千分考核情況、綜合測評等進行評分。對直營店和店長的考核，財務部、營運部負責提供相關數據，人力資源部負責統計計算，考核結果經績效考核委員會批准；對於其他崗位的考核，財務部負責提供相關數據，店長負責本店部員工考核統計計算，並匯總考核結果經人力資源部批准。

第十九條　季績效考核

直營店以及各崗位季績效考核內容和權重如表 94 所示：

表 94　季考核內容及權重

被考核者	考核週期	考核者	考核內容及權重		
			KPIP	能力態度	千分考核
各直營店	季	績效考核委員會組織	100%		
店長	季	績效考核委員會組織	100%		
副店長	季	績效考核委員會組織	80%		
		店長		20%	
部長級	季	店長	60%	20%	20%
組長級	季	店長	60%	20%	20%
員級	季	店長	50%	30%	20%

第二十條 各直營店的季績效考核結果等於績效考核分數除以 100。

第二十一條 店長的季考核結果根據店部級別實行強制分佈,即各自級別的店長根據績效考核得分分別排序,各級別店長考核結果爲優秀、良好、中等、合格、基本合格的比例分別爲 10%、20%、30%、30%、10%,其中低於 60 分者爲不合格。

第二十二條 直營店支持崗位員工(店長除外)以及自製部部長季績效考核結果實行強制排序,結果爲優秀、良好、中等、合格、基本合格的比例分別爲 10%、20%、30%、30%、10%,其中低於 60 分者爲不合格。

第二十三條 直營店業務崗位組長級以上員工(自製部門除外)季考核結果實行強制排序,結果爲優秀、良好、中等、合格、基本合格的比例分別爲 10%、20%、30%、30%、20%,其中低於 60 分者爲不合格。

第二十四條 直營店業務崗位員級崗位員工(自製部門除外)季考核結果實行強制排序,結果爲優秀、良好、中等、合格、基本合格的比例分別爲 10%、20%、30%、30%、10%,其中低於 60 分者爲不合格。

第二十五條 直營店自製部門員工(自製部部長除外)季考核結果實行強制排序,除去考核結果爲不合格的員工外,考核結果爲優秀、良好、中等、合格、基本合格的比例分別爲 10%、20%、30%、30%、20%,其中季人均毛利低於 3000 元的部門、組所有員工以及績效考核低於 60 分者爲不合格。

第二十六條 年績效考核

直營店以及各崗位年績效考核內容和權重如表 95：

表 95　年績效考核內容和權重

被考核者	考核週期	考核者	考核內容及權重		
			KPI	千分考核	綜合測評
各直營店	年	績效考核委員會組織	80%	20%	
店長	年	績效考核委員會組織	40%	20%	40%
副店長、部長級、組長級、員級	年	店長	根據季績效考核結果確定		

第二十七條　各直營店的年績效考核結果根據店部級別實行強制分佈，即各自級別的店部根據績效考核得分分別排序，各級別店部考核結果為優秀、良好、中等、合格、基本合格的比例分別為 10%、20%、30%、30%、10%，其中低於 60 分者為不合格。

第二十八條　店長的年績效考核結果根據店部級別實行強制分佈，即各自級別的店長根據績效考核得分分別排序，各級別店長考核結果為優秀、良好、中等、合格、基本合格的比例分別由績效考核委員會根據全年公司經營業績確定，其中低於 60 分者為不合格。

第二十九條　副店長、部長級、組長級、員級崗位年績效考核結果根據季績效考核結果計算，優秀 1 次計 16 分，良好 1 次計 8 分，中等 1 次計 4 分，合格 1 次計 2 分，基本合格 1 次計 1 分，不合格 1 次計 32 分；算出總分值，分值由高到低全部

門強制排序，總分爲負者爲年終考核不合格。

第三十條 員工(店長除外)年終考核等級分佈比例與店部的考核結果直接相關，具體數值由下表所示：

表 96

店部考核結果	員工考核結果比例					
	優	良	中等	合格	基本合格	不合格
優秀	25%	25%	20%	20%	10%	0
良好	20%	25%	20%	20%	15%	0
中等	20%	20%	20%	20%	20%	0
合格	15%	20%	20%	25%	20%	0
基本合格	10%	20%	20%	25%	25%	0
不合格	5%	10%	30%	30%	25%	0

第四章 績效考核實施

第三十一條 店部的季績效考核指標如下：銷售(A)、毛利(B)、損耗(C)，其中銷售分解爲食品銷售、非食品銷售、生鮮銷售、自製銷售，毛利分解爲食品毛利、非食品毛利、生鮮毛利、自製毛利，損耗分解爲食品損耗、非食品損耗。

第三十二條 店部季績效考核係數：

$$考核係數 = 1 + \frac{實際 A - 目標 A}{目標 A} \times 0.6 + \frac{實際(B-C) - 目標(B-C)}{目標(B-C)} \times 0.4$$

第三十三條 店長季績效考核分數如下式計算，考核係數根據強制分佈確定：

$$店長季績效考核分數 = 店部季績效考核係數 \times 100$$

第三十四條 食品類部長、組長、理貨員季關鍵業績績效考核分數如下式計算,考核結果根據總考核分數強制分佈確定:

$$考核分數 = (1 + \frac{實際\,A - 目標\,A}{目標\,A} \times 0.7$$
$$+ \frac{實際(B-C) - 目標(B-C)}{目標(B-C)} \times 0.3) \times 100$$

第三十五條 非食品類部長、組長、理貨員季關鍵業績績效考核分數如下式計算,考核結果根據總考核分數強制分佈確定:

$$考核分數 = (1 + \frac{實際\,A - 目標\,A}{目標\,A} \times 0.6$$
$$+ \frac{實際(B-C) - 目標(B-C)}{目標(B-C)} \times 0.4) \times 100$$

第三十六條 生鮮類季績效考核指標為:銷售(A)、毛利(B),生鮮類部長、組長、營業員季關鍵業績績效考核分數如下式計算,考核結果根據總考核分數強制分佈確定:

$$考核分數 = (1 + \frac{實際\,A - 目標\,A}{目標\,A} \times 0.5 + \frac{實際\,B - 目標\,B}{目標\,B} \times 0.5) \times 100$$

第三十七條 自製類季績效考核指標為:銷售(A)、人均毛利(B),核算人均毛利時應該把外賣營業員分攤到菜品組或麵食組;若某組的季人均毛利低於 8000 元,則該組內所有成員的季關鍵業績考核結果為 0 分;若人均毛利高於 8000 元,部長、組長、營業員季關鍵業績績效考核係數、考核分數如下式計算,考核結果根據總考核分數強制分佈確定:

$$考核分數 = (1 + \frac{實際\,A - 目標\,A}{目標\,A} \times 0.3 + \frac{實際\,B - 8000}{8000} \times 0.7) \times 100$$

第三十八條　生鮮自製部績效考核指標為：銷售（A）、毛利（B）、自製人均毛利（C），生鮮自製部部長（2級店）關鍵業績績效考核分數如下式計算，考核結果根據總考核分數強制分佈確定：

$$關鍵業績得分 = (1 + \frac{實際A - 目標A}{目標A} \times 0.5 + \frac{實際B - 目標B}{目標B}$$

$$\times 0.3 + \frac{實際C - 8000}{8000} \times 0.2) \times 100$$

第三十九條　直營店、店長季績效考核實施

1.分發績效考核表：績效考核開始日前3日，績效考核委員會組織召開季績效考核工作會議，參加人員除公司績效考核委員會全體成員外，還包括各直營店店長；人力資源部向財務部發放店部及店長季績效考核表，向各直營店發放各崗位季績效考核表（可以是電子版）並說明考核注意事項；每季第1個工作日為績效考核開始日；

2.績效考核結果計算：績效考核第1～5日，財務部負責填寫直營店和店長季績效表中的各目標值、實際完成值等數據，並計算各直營店績效考核係數和店長的績效考核得分以及強制分佈結果；

3.績效考核結果審核：績效考核第6日，績效考核委員會負責審核績效考核結果，根據情況可以適當調整直營店原來設定的目標值，以保證考核的公正合理性；

4.績效考核結果審批：績效考核第6日，公司總經理批准直營店、店長季績效考核結果；

5.績效考核結果回饋：績效考核第7日，績效考核委員會

向各直營店回饋績效考核結果；

6.店長季績效工資計算：績效考核第 7～10 日，人力資源部負責計算各店長的季績效工資。

第四十條 副店長、部長級、組長級、業務崗位員級、支持崗位員級季績效考核實施：

1.同直營店、店長季績效考核實施流程；

2.考核數據提供：績效考核第 1～3 日，財務部負責向人力資源部和各直營店提供各店部、各部門、各組的考核指標目標值、實際完成值等財務數據；營運部負責向人力資源部和各直營店提供千分考核數據資料；各店部向人力資源部提供員工考勤數據；

3.支持崗位人員績效考核：績效考核第 1～5 日，店長對支持崗位人員進行關鍵業績、能力態度考核；

4.業務崗位人員關鍵業績考核：績效考核第 4～5 日，核算統計崗位根據財務部提供的財務數據，計算各業務崗位人員的關鍵業績得分；

5.業務崗位人員能力態度考核：績效考核第 5 日，店長對業務崗位員工進行能力態度考核；

6.績效考核結果統計計算：績效考核第 6 日，核算統計崗位對支持崗位員工(包括自製部部長，自製部門除外)、業務崗位員級(自製部門除外)、自製部門崗位員工的績效考核結果進行統計計算，並根據強制分佈規則確定各員工的考核結果等級；

7.績效考核結果審批：績效考核第 6 日，店長審批本店員工的季績效考核結果；

8.績效考核結果回饋：績效考核第 6 日，店長向員工回饋季績效考核結果；

9.績效考核結果上報：績效考核第 6 日下午 17：00 前將考核結果上報公司人力資源部；

10.績效考核結果審批：績效考核第 7 日，績效考核委員會審批各崗位績效考核結果；

11.月績效工資的計算：績效考核第 7～12 日，人力資源部計算直營店各崗位的月績效工資，並在績效考核第 13 日前交財務部，財務部據此發放績效工資；

12.季獎金的計算：績效考核第 7～10 日，核算統計崗位計算本店各員工的季獎金數額，店長審核後報人力資源部；

13.季獎金的審批：績效考核第 11 日，績效考核委員會審批各崗位的季獎金；

14.季獎金的發放：人力資源部負責在績效考核第 13 日前將獎金數額報財務部，財務部據此發放季獎金；

15.績效考核工作總結會：績效考核第 20 日，召開績效考核季總結會議，同時通報下季績效考核目標。

第四十一條 店部的年關鍵業績績效考核指標如下：銷售（A）、淨利潤（E），淨利潤＝銷售毛利－損耗－人工成本－店部租金－其他成本。

第四十二條 店部年關鍵業績績效考核分數如下式計算，考核結果根據總考核分數強制分佈確定：

$$考核分數 = (1 + \frac{實際 A - 目標 A}{目標 A} \times 0.6 + \frac{實際 E - 目標 E}{目標 E} \times 0.4) \times 100$$

第四十三條 店部年績效考核實施（店部季績效考核同時進行）

1.關鍵業績指標考核：績效考核第 1～6 日，財務部負責計算各店部的關鍵業績指標考核分數並報人力資源部；

2.千分考核：績效考核第 1～6 日，營運部負責將各店部千分考核指標考核分數報人力資源部；

3.匯總統計：人力資源部匯總商店績效考核結果報績效考核委員會；

4.考核結果審批：績效考核委員會批准績效考核結果。

第四十四條 店長年績效考核實施（店長季績效考核同時進行）1～4 同店部年績效考核流程；

5.綜合測評：績效考核第 15～20 日，績效考核委員會對店長進行綜合測評；

6.匯總統計：人力資源部負責匯總統計年績效考核結果；

7.考核結果審批：績效考核委員會批准績效考核結果；

8.年績效工資的計算：人力資源部負責計算年績效工資報財務部，財務部據此發放年績效工資。

第四十五條 副店長、部長級、組長級、員級年績效考核實施（季績效考核同時進行）

1.數據匯總：各店部匯總各崗位員工 4 個季考核結果；

2.根據規定，計算總得分；

3.根據規定，把本部門員工強制排序，得出年考核結果；

4.考核結果審批：人力資源部審核批准績效考核結果。

第四十六條 考核所需信息、數據的及時、準確是績效考

核工作能夠順利開展的關鍵,在公司績效考核工作中,財務部、營運部要及時提供考核所需數據。

第四十七條 對於實行崗位績效工資制的員工,如果在考核期內店內部換崗,其績效考核辦法如下:

1.如果到考核期結束時,該員工換崗不足 1 個月的,按照原來崗位進行績效考核;

2.如果到考核期結束時,該員工在新崗位已經超過 1 個月,則按新崗位進行績效考核。

第四十八條 對於實行崗位績效工資制的員工,如果在考核期內不同店部之間換崗,其績效考核辦法如下:

1.如果到考核期結束時,該員工換崗不足 1 個月的,則不進行績效考核,期間績效工資 100%發放;

2.如果到考核期結束時,該員工在新崗位已經超過 1 個月,則按新崗位進行績效考核。

第四十九條 考核注意事項

1.人力資源部負責考核申訴事宜,並將重大情況報績效考核委員會討論決定;

2.績效考核指標需得到員工的認可,並在公司範圍內公開;

3.考核者應該經過正規的績效考核方法培訓,瞭解在考核過程中應該注意的問題,並掌握考核所需技巧;

4.建立績效考核申訴機制,績效考核委員會、人力資源部通過瞭解員工的回饋,對績效考核進行全過程監督;

5.績效考核結果在最終審批之前,如確認有必要進行全公司內部平衡時,各審核人、審批人可對考核結果進行適當調整,

並應說明原因，但原始考核記錄、被考核者的計分，不得修正和更改。

第五章　績效考核結果運用

第五十條　店長季績效工資的計算

$$季績效工資＝崗位工資×30\%×3×季績效考核係數$$

1.崗位工資是店長本人的崗位工資

2.個人季績效考核係數根據考核結果確定，個人考核係數和考核結果的對應關係如下表所示：

表 97

考核結果	優	良	中等	合格	基本合格	不合格
季績效考核係數	1.2	1.1	1.0	0.9	0.8	0

第五十一條　副店長、部長級、組長級、員級員工月績效工資的計算

$$副店長月績效工資＝崗位工資×40\%×店部季績效考核係數$$
$$×個人季績效考核係數$$

$$部長級月績效工資＝崗位工資×40\%×店部季績效考核係數$$
$$×個人季績效考核係數$$

$$組長級月績效工資＝崗位工資×30\%×店部季績效考核係數$$
$$×個人季績效考核係數$$

$$員級月績效工資＝崗位工資×20\%×店部季績效考核係數$$
$$×個人季績效考核係數$$

1.崗位工資是本人的崗位工資。

2.店部季績效考核係數根據店部考核結果確定,店部季績效考核係數等於店部季績效考核等分除以 100。

3.個人季績效考核係數根據考核結果確定,個人考核係數和考核結果的對應關係爲下表所示:

表 98

考核結果	優	良	中等	合格	基本合格	不合格
季績效考核係數	1.2	1.1	1.0	0.9	0.8	0

第五十二條 季績效考核不合格者,降 1 級崗位工資。

第五十三條 店長年績效工資的計算

年績效工資＝崗位工資×30%×12×年績效考核係數

1.崗位工資是店長本人的崗位工資;

2.個人年績效考核係數根據考核結果確定,個人考核係數和考核結果的對應關係如下表所示:

表 99

考核結果	優	良	中等	合格	基本合格	不合格
季績效考核係數	1.4	1.2	1.0	0.8	0.6	0

第五十四條 崗位提升

年績效考核等級可作爲公司提升員工崗位的重要依據。

第五十五條 工資晉級、降級

1.整體晉級、降級:年初人力資源部根據公司發展狀況以及物價水準,提出員工工資晉級或降級方案,報績效考核委員

會批准後執行。

2.個別晉級、降級：年初人力資源部根據公司發展戰略重點、經營狀況、績效考核結果制定員工晉級、降級方案，報績效考核委員會批准後執行。

第五十六條 年績效考核不合格員工，若合約期滿，下一年公司不再與該員工簽訂合約；若合約未到期，該員工轉換到其他稱職崗位或待崗，待崗發放本市最低生活保障工資，待合約期滿，公司不再與該員工簽訂合約。

第五十七條 員工培訓

各直營店在年績效考核結束後 20 天內，參考績效考核所反映的員工能力素質狀況，編制年培訓需求計劃，報公司人力資源部，人力資源部編制年培訓計劃。

第六章　績效考核方案修訂

第五十八條 任何對公司考核方案有疑問的員工，均有權向績效考核委員會提出考核方案修訂提案，並以書面形式提交給人力資源部。

第五十九條 人力資源部負責收集、保管員工關於考核方案的修訂提案，並在季績效考核時提交績效考核委員會審議。

第七章　績效考核申訴

第六十條 申訴條件

在績效考核過程中，員工如認為受不公平對待或對考核結果感到不滿意，可在考核期間或考核期結束 3 個工作日內，直

接向人力資源部提出申訴，並填寫《績效考核申訴表》。

第六十一條　申訴形式

1.員工應以書面形式提交申訴報告；

2.人力資源部負責受理、記錄員工申訴。

第六十二條　申訴處理

1.人力資源部在與申訴人溝通後對其申訴報告進行審核；

2.因考核者對績效考核操作不規範所引起的申訴，人力資源部有權讓考核者按照規範的績效考核流程重新進行考核；

3.因被考核者對考核內容有異議所引起的申訴，人力資源部應同考核者進行溝通以解決問題，如溝通無法解決問題，則人力資源部須向績效考核委員會彙報有關情況，由績效考核委員會進行處理；

4.因考核過程中存在不公平現象所引起的申訴，由人力資源部負責進行調查，如經人力資源部確認屬實，則由績效考核委員會對績效考核者進行處理。

第六十三條　申訴回饋

人力資源部應在申訴評審完成後 2 個工作日內，將最終處理結果回饋給申訴人，如果申訴人在 10 個工作日內未向人力資源部提交要求二次評審的書面報告，人力資源部將視作申訴人接受該最終處理結果。

第八章　績效考核文件使用與保存

第六十四條　考核文件保存

1.店部和店長的季、年績效考核文件由人力資源部統一保

管；

2.副店長、部長級、組長級、員級各崗位的季績效考核文件由各店部保管，年績效考核文件由人力資源部統一保管；

3.員工績效考核袋內考核文件按年順序排列，季考核、年考核文件再按時間順序排列。

第六十五條　績效考核文件編號方法

1.績效考核袋是指用於存放員工績效考核表的檔案袋，人力資源部以員工編號作爲績效考核袋編號，公司各直營店員工績效考核編號唯一；

2.考核文件由兩部份組成，第一部份是員工編號，第二部份是資料編號；

3.資料編號依次由2個數字、1個英文字母和2個數字編成，頭2個數字表示年份，1個英文字母表示季考核或年考核，分別以J、N表示，後2個數字表示該年第幾個考核期。

第六十六條　績效考核文件保存方法

1.由人力資源部統一保管的店部、店長績效考核文件，考核結果以績效考核袋形式和電子文檔形式存檔，在聘員工考核結果原則上保存3年，解聘員工的考核結果保存到被考核者離職後半年止；

2.各直營店負責保管的績效考核文件，考核結果以績效考核袋形式和電子文檔形式存檔，在聘員工考核結果原則上保存3年，解聘員工的考核結果保存到被考核者離職後半年止；

3.在季績效考核完成後20天內，人力資源部和各直營店應將所有參加季考核員工的績效考核資料收集整理並完成統一編

號工作；

4.在年績效考核完成後 30 天內，人力資源部和各直營店應將所有參加年考核員工的績效考核資料收集整理並完成統一編號工作；

5.人力資源部、各直營店應妥善保存員工績效考核文件，以便相關部門查閱。

心得欄 -

- -

- -

- -

- -

圖書出版目錄

下列圖書是由憲業企管顧問（集團）公司所出版，以專業立場，為企業界提供最專業的各種經營管理類圖書。

1. 傳播書香社會，凡向本出版社購買（或郵局劃撥購買），一律 9 折優惠。
   服務電話(02) 27622241　(03) 9310960　　傳真(02) 27620377
2. 請將書款用 ATM 自動扣款轉帳到我公司下列的銀行帳戶。
   銀行名稱：合作金庫銀行　帳號：5034-717-347447
   公司名稱：憲業企管顧問有限公司
3. 郵局劃撥號碼：18410591　郵局劃撥戶名：憲業企管顧問公司
4. 圖書出版資料隨時更新，請見網站　www.bookstore99.com

------- 經營顧問叢書

4	目標管理實務	320 元	47	營業部門推銷技巧	390 元
5	行銷診斷與改善	360 元	52	堅持一定成功	360 元
6	促銷高手	360 元	56	對準目標	360 元
7	行銷高手	360 元	58	大客戶行銷戰略	360 元
8	海爾的經營策略	320 元	60	寶潔品牌操作手冊	360 元
9	行銷顧問師精華輯	360 元	71	促銷管理（第四版）	360 元
13	營業管理高手（上）	一套	72	傳銷致富	360 元
14	營業管理高手（下）	500 元	73	領導人才培訓遊戲	360 元
16	中國企業大勝敗	360 元	76	如何打造企業贏利模式	360 元
18	聯想電腦風雲錄	360 元	77	財務查帳技巧	360 元
19	中國企業大競爭	360 元	78	財務經理手冊	360 元
21	搶灘中國	360 元	79	財務診斷技巧	360 元
25	王永慶的經營管理	360 元	80	內部控制實務	360 元
26	松下幸之助經營技巧	360 元	81	行銷管理制度化	360 元
32	企業併購技巧	360 元	82	財務管理制度化	360 元
33	新產品上市行銷案例	360 元	83	人事管理制度化	360 元
46	營業部門管理手冊	360 元	84	總務管理制度化	360 元

250	企業經營計畫〈增訂二版〉	360 元
251	績效考核手冊	360 元
252	營業管理實務	360 元
253	銷售部門績效考核量化指標	360 元

《商店叢書》

4	餐飲業操作手冊	390 元
5	店員販賣技巧	360 元
9	店長如何提升業績	360 元
10	賣場管理	360 元
11	連鎖業物流中心實務	360 元
12	餐飲業標準化手冊	360 元
13	服飾店經營技巧	360 元
14	如何架設連鎖總部	360 元
18	店員推銷技巧	360 元
19	小本開店術	360 元
20	365 天賣場節慶促銷	360 元
21	連鎖業特許手冊	360 元
23	店員操作手冊（增訂版）	360 元
25	如何撰寫連鎖業營運手冊	360 元
26	向肯德基學習連鎖經營	350 元
29	店員工作規範	360 元
30	特許連鎖業經營技巧	360 元
32	連鎖店操作手冊（增訂三版）	360 元
33	開店創業手冊〈增訂二版〉	360 元
34	如何開創連鎖體系〈增訂二版〉	360 元
35	商店標準操作流程	360 元
36	商店導購口才專業培訓	360 元
37	速食店操作手冊〈增訂二版〉	360 元
38	網路商店創業手冊〈增訂二版〉	360 元

39	店長操作手冊（增訂四版）	360 元
40	商店診斷實務	360 元

《工廠叢書》

1	生產作業標準流程	380 元
5	品質管理標準流程	380 元
6	企業管理標準化教材	380 元
9	ISO 9000 管理實戰案例	380 元
10	生產管理制度化	360 元
11	ISO 認證必備手冊	380 元
12	生產設備管理	380 元
13	品管員操作手冊	380 元
15	工廠設備維護手冊	380 元
16	品管圈活動指南	380 元
17	品管圈推動實務	380 元
20	如何推動提案制度	380 元
24	六西格瑪管理手冊	380 元
29	如何控制不良品	380 元
30	生產績效診斷與評估	380 元
31	生產訂單管理步驟	380 元
32	如何藉助 IE 提升業績	380 元
35	目視管理案例大全	380 元
38	目視管理操作技巧(增訂二版)	380 元
39	如何管理倉庫（增訂四版）	380 元
40	商品管理流程控制(增訂二版)	380 元
42	物料管理控制實務	380 元
43	工廠崗位績效考核實施細則	380 元
46	降低生產成本	380 元
47	物流配送績效管理	380 元
49	6S 管理必備手冊	380 元
50	品管部經理操作規範	380 元

51	透視流程改善技巧	380 元
55	企業標準化的創建與推動	380 元
56	精細化生產管理	380 元
57	品質管制手法〈增訂二版〉	380 元
58	如何改善生產績效〈增訂二版〉	380 元
59	部門績效考核的量化管理〈增訂三版〉	380 元
60	工廠管理標準作業流程	380 元
61	採購管理實務〈增訂三版〉	380 元
62	採購管理工作細則	380 元
63	生產主管操作手冊(增訂四版)	380 元
64	生產現場管理實戰案例〈增訂二版〉	380 元
65	如何推動 5S 管理（增訂四版）	380 元

《醫學保健叢書》

1	9 週加強免疫能力	320 元
2	維生素如何保護身體	320 元
3	如何克服失眠	320 元
4	美麗肌膚有妙方	320 元
5	減肥瘦身一定成功	360 元
6	輕鬆懷孕手冊	360 元
7	育兒保健手冊	360 元
8	輕鬆坐月子	360 元
9	生男生女有技巧	360 元
10	如何排除體內毒素	360 元
11	排毒養生方法	360 元
12	淨化血液　強化血管	360 元
13	排除體內毒素	360 元

14	排除便秘困擾	360 元
15	維生素保健全書	360 元
16	腎臟病患者的治療與保健	360 元
17	肝病患者的治療與保健	360 元
18	糖尿病患者的治療與保健	360 元
19	高血壓患者的治療與保健	360 元
21	拒絕三高	360 元
22	給老爸老媽的保健全書	360 元
23	如何降低高血壓	360 元
24	如何治療糖尿病	360 元
25	如何降低膽固醇	360 元
26	人體器官使用說明書	360 元
27	這樣喝水最健康	360 元
28	輕鬆排毒方法	360 元
29	中醫養生手冊	360 元
30	孕婦手冊	360 元
31	育兒手冊	360 元
32	幾千年的中醫養生方法	360 元
33	免疫力提升全書	360 元
34	糖尿病治療全書	360 元
35	活到 120 歲的飲食方法	360 元
36	7 天克服便秘	360 元
37	為長壽做準備	360 元

《幼兒培育叢書》

1	如何培育傑出子女	360 元
2	培育財富子女	360 元
3	如何激發孩子的學習潛能	360 元
4	鼓勵孩子	360 元
5	別溺愛孩子	360 元

6	孩子考第一名	360 元
7	父母要如何與孩子溝通	360 元
8	父母要如何培養孩子的好習慣	360 元
9	父母要如何激發孩子學習潛能	360 元
10	如何讓孩子變得堅強自信	360 元

《成功叢書》

1	猶太富翁經商智慧	360 元
2	致富鑽石法則	360 元
3	發現財富密碼	360 元

《企業傳記叢書》

1	零售巨人沃爾瑪	360 元
2	大型企業失敗啟示錄	360 元
3	企業併購始祖洛克菲勒	360 元
4	透視戴爾經營技巧	360 元
5	亞馬遜網路書店傳奇	360 元
6	動物智慧的企業競爭啟示	320 元
7	CEO 拯救企業	360 元
8	世界首富　宜家王國	360 元
9	航空巨人波音傳奇	360 元
10	傳媒併購大亨	360 元

《智慧叢書》

1	禪的智慧	360 元
2	生活禪	360 元
3	易經的智慧	360 元
4	禪的管理大智慧	360 元
5	改變命運的人生智慧	360 元
6	如何吸取中庸智慧	360 元
7	如何吸取老子智慧	360 元
8	如何吸取易經智慧	360 元

9	經濟大崩潰	360 元
10	有趣的生活經濟學	360 元

《DIY 叢書》

1	居家節約竅門 DIY	360 元
2	愛護汽車 DIY	360 元
3	現代居家風水 DIY	360 元
4	居家收納整理 DIY	360 元
5	廚房竅門 DIY	360 元
6	家庭裝修 DIY	360 元
7	省油大作戰	360 元

《傳銷叢書》

4	傳銷致富	360 元
5	傳銷培訓課程	360 元
7	快速建立傳銷團隊	360 元
9	如何運作傳銷分享會	360 元
10	頂尖傳銷術	360 元
11	傳銷話術的奧妙	360 元
12	現在輪到你成功	350 元
13	鑽石傳銷商培訓手冊	350 元
14	傳銷皇帝的激勵技巧	360 元
15	傳銷皇帝的溝通技巧	360 元
16	傳銷成功技巧（增訂三版）	360 元
17	傳銷領袖	360 元

《財務管理叢書》

1	如何編制部門年度預算	360 元
2	財務查帳技巧	360 元
3	財務經理手冊	360 元
4	財務診斷技巧	360 元
5	內部控制實務	360 元
6	財務管理制度化	360 元

8	財務部流程規範化管理	360 元
9	如何推動利潤中心制度	360 元

《培訓叢書》

4	領導人才培訓遊戲	360 元
8	提升領導力培訓遊戲	360 元
11	培訓師的現場培訓技巧	360 元
12	培訓師的演講技巧	360 元
14	解決問題能力的培訓技巧	360 元
15	戶外培訓活動實施技巧	360 元
16	提升團隊精神的培訓遊戲	360 元
17	針對部門主管的培訓遊戲	360 元
18	培訓師手冊	360 元
19	企業培訓遊戲大全（增訂二版）	360 元
20	銷售部門培訓遊戲	360 元
21	培訓部門經理操作手冊（增訂三版）	360 元

為方便讀者選購，本公司將一部分上述圖書又加以專門分類如下：

《企業制度叢書》

1	行銷管理制度化	360 元
2	財務管理制度化	360 元
3	人事管理制度化	360 元
4	總務管理制度化	360 元
5	生產管理制度化	360 元
6	企劃管理制度化	360 元

《主管叢書》

1	部門主管手冊	360 元
2	總經理行動手冊	360 元
4	生產主管操作手冊	380 元
5	店長操作手冊（增訂版）	360 元

6	財務經理手冊	360 元
7	人事經理操作手冊	360 元
8	行銷總監工作指引	360 元
9	行銷總監實戰案例	360 元

《總經理叢書》

1	總經理如何經營公司(增訂二版)	360 元
2	總經理如何管理公司	360 元
3	總經理如何領導成功團隊	360 元
4	總經理如何熟悉財務控制	360 元
5	總經理如何靈活調動資金	360 元

《人事管理叢書》

1	人事管理制度化	360 元
2	人事經理操作手冊	360 元
3	員工招聘技巧	360 元
4	員工績效考核技巧	360 元
5	職位分析與工作設計	360 元
6	企業如何辭退員工	360 元
7	總務部門重點工作	360 元
8	如何識別人才	360 元
9	人力資源部流程規範化管理（增訂二版）	360 元

《理財叢書》

1	巴菲特股票投資忠告	360 元
2	受益一生的投資理財	360 元
3	終身理財計劃	360 元
4	如何投資黃金	360 元
5	巴菲特投資必贏技巧	360 元
6	投資基金賺錢方法	360 元
7	索羅斯的基金投資必贏忠告	360 元
8	巴菲特為何投資比亞迪	360 元

《網路行銷叢書》

1	網路商店創業手冊〈增訂二版〉	360 元
2	網路商店管理手冊	360 元
3	網路行銷技巧	360 元
4	商業網站成功密碼	360 元
5	電子郵件成功技巧	360 元
6	搜索引擎行銷	360 元

《經濟計畫叢書》

1	企業經營計劃	360 元
2	各部門年度計劃工作	360 元
3	各部門編制預算工作	360 元
4	經營分析	360 元
5	企業戰略執行手冊	360 元

《經濟叢書》

1	經濟大崩潰	360 元
2	石油戰爭揭秘(即將出版)	

建立企業圖書館

當市場競爭激烈時：

培訓員工，強化員工競爭力
是企業最佳對策

「人才」是企業最大的財富。如何提升人才，是企業永續經營、戰勝對手的核心競爭力。積極培訓公司內部員工，是經濟不景氣時期的最佳戰略，而最快速的具體作法，就是**「建立企業內部圖書館，鼓勵員工多閱讀、多進修專業書籍」**

建議您：請一次購足本公司所出版各種經營管理類圖書，作為貴公司內部員工培訓圖書。 使用率高的（例如「注重細節」），準備多本；使用率低的（例如「工廠設備維護手冊」），只買 1 本。

最 暢 銷 的 商 店 叢 書

	名 稱	說 明	特 價
1	速食店操作手冊	書	360 元
4	餐飲業操作手冊	書	390 元
5	店員販賣技巧	書	360 元
6	開店創業手冊	書	360 元
8	如何開設網路商店	書	360 元
9	店長如何提升業績	書	360 元
10	賣場管理	書	360 元
11	連鎖業物流中心實務	書	360 元
12	餐飲業標準化手冊	書	360 元
13	服飾店經營技巧	書	360 元
14	如何架設連鎖總部	書	360 元
15	〈新版〉連鎖店操作手冊	書	360 元
16	〈新版〉店長操作手冊	書	360 元
17	〈新版〉店員操作手冊	書	360 元
18	店員推銷技巧	書	360 元
19	小本開店術	書	360 元
20	365 天賣場節慶促銷	書	360 元
21	連鎖業特許手冊	書	360 元
22	店長操作手冊（增訂版）	書	360 元
23	店員操作手冊（增訂版）	書	360 元
24	連鎖店操作手冊（增訂版）	書	360 元
25	如何撰寫連鎖業營運手冊	書	360 元
26	向肯德基學習連鎖經營	書	360 元
27	如何開創連鎖體系	書	360 元
28	店長操作手冊（增訂三版）	書	360 元

郵局劃撥戶名：憲業企管顧問公司

郵局劃撥帳號：18410591

商店叢書⑩　　　　　　　　　售價：360元

商店診斷實務

西元二〇一一年一月　　　　　　　　初版一刷

編輯指導：黃憲仁

編著：李福源（臺北）　　張漢雄（武漢）

策劃：麥可國際出版有限公司（新加坡）

編輯：蕭玲

校對：焦俊華

發行所：憲業企管顧問有限公司

電話：（02）2762-2241　　（03）9310960　　0930872873

臺北聯絡處：臺北郵政信箱第 36 之 1100 號

銀行 ATM 轉帳：合作金庫銀行　　帳號：**5034-717-347447**

郵政劃撥：**18410591**　　**憲業企管顧問有限公司**

江祖平律師顧問：紙品書、數位書著作權與版權均歸本公司所有

登記證：行政業新聞局版台業字第 6380 號

本公司徵求海外版權出版代理商（0930872873）

ISBN：978-986-6421-86-0

擴大編制，誠徵新加坡、臺北編輯人員，請來函接洽。